2018 版安徽省建设工程计价依据

安徽省安装工程计价定额

（第五册）

建筑智能化工程

主编部门：安徽省建设工程造价管理总站

批准部门：安 徽 省 住 房 和 城 乡 建 设 厅

施行日期：2 0 1 8 年 1 月 1 日

中国建材工业出版社

图书在版编目（CIP）数据

安徽省安装工程计价定额．第五册，建筑智能化工程/安徽省建设工程造价管理总站编．—北京：中国建材工业出版社，2018.1

（2018版安徽省建设工程计价依据）

ISBN 978－7－5160－2070－8

Ⅰ.①安…　Ⅱ.①安…　Ⅲ.①建筑安装—工程造价—安徽②智能化建筑—设备安装—工程造价—安徽　Ⅳ.①TU723.34

中国版本图书馆CIP数据核字（2017）第264866号

安徽省安装工程计价定额（第五册）建筑智能化工程

安徽省建设工程造价管理总站　编

出版发行：中国建材工业出版社

地　　址：北京市海淀区三里河路1号

邮　　编：100044

经　　销：全国各地新华书店

印　　刷：北京雁林吉兆印刷有限公司

开　　本：787mm×1092mm　1/16

印　　张：41.75

字　　数：1030千字

版　　次：2018年1月第1版

印　　次：2018年1月第1次

定　　价：198.00元

本社网址：www.jccbs.com　　微信公众号：zgjcgycbs

本书如出现印装质量问题，由我社市场营销部负责调换。联系电话：(010)88386906

安徽省住房和城乡建设厅发布

建标〔2017〕191号

安徽省住房和城乡建设厅关于发布2018版安徽省建设工程计价依据的通知

各市住房城乡建设委（城乡建设委、城乡规划建设委），广德、宿松县住房城乡建设委（局），省直有关单位：

为适应安徽省建筑市场发展需要，规范建设工程造价计价行为，合理确定工程造价，根据国家有关规范、标准，结合我省实际，我厅组织编制了2018版安徽省建设工程计价依据（以下简称2018版计价依据），现予以发布，并将有关事项通知如下：

一、2018版计价依据包括：《安徽省建设工程工程量清单计价办法》《安徽省建设工程费用定额》《安徽省建设工程施工机械台班费用编制规则》《安徽省建设工程计价定额（共用册）》《安徽省建筑工程计价定额》《安徽省装饰装修工程计价定额》《安徽省安装工程计价定额》《安徽省市政工程计价定额》《安徽省园林绿化工程计价定额》《安徽省仿古建筑工程计价定额》。

二、2018版计价依据自2018年1月1日起施行。凡2018年1月1日前已签订施工合同的工程，其计价依据仍按原合同执行。

三、原省建设厅建定〔2005〕101号、建定〔2005〕102号、建定〔2008〕259号文件发布的计价依据，自2018年1月1日起同时废止。

四、2018版计价依据由安徽省建设工程造价管理总站负责管理与解释。在执行过程中，如有问题和意见，请及时向安徽省建设工程造价管理总站反馈。

安徽省住房和城乡建设厅

2017年9月26日

编制委员会

总 说 明

一、《安徽省安装工程计价定额》以下简称“本安装定额”，是依据国家现行有关工程建设标准、规范及相关定额，并结合近几年我省出现的新工艺、新技术、新材料的应用情况，及安装工程设计与施工特点编制的。

二、本安装定额共分为十一册，包括：

第一册 机械设备安装工程

第二册 热力设备安装工程

第三册 静置设备与工艺金属结构制作安装工程（上、下）

第四册 电气设备安装工程

第五册 建筑智能化工程

第六册 自动化控制仪表安装工程

第七册 通风空调工程

第八册 工业管道工程

第九册 消防工程

第十册 给排水、采暖、燃气工程

第十一册 刷油、防腐蚀、绝热工程

三、本安装定额适用于我省境内工业与民用建筑的新建、扩建、改建工程中的给排水、采暖、燃气、通风空调、消防、电气照明、通信、智能化系统等设备、管线的安装工程和一般机械设备工程。

四、本安装定额的作用

1．是编审设计概算、最高投标限价、施工图预算的依据；

2．是调解处理工程造价纠纷的依据；

3．是工程成本评审，工程造价鉴定的依据；

4．是施工企业编制企业定额、投标报价、拨付工程价款、竣工结算的参考依据。

五、本安装定额是按照正常的施工条件，大多数施工企业采用的施工方法、机械化装备程度、合理的施工工期、施工工艺、劳动组织编制的，反映当前社会平均消耗量水平。

六、本安装定额中人工工日以“综合工日”表示，不分工种、技术等级。内容包括：基本用工、辅助用工、超运距用工及人工幅度差。

七、本安装定额中的材料：

1．本安装定额中的材料包括主要材料、辅助材料和其他材料。

2．本安装定额中的材料消耗量包括净用量和损耗量。损耗量包括：从工地仓库、现场集中堆放地点或现场加工地点至操作或安装地点的现场运输损耗、施工操作损耗、施工现场堆放损耗。凡能计量的材料、成品、半成品均逐一列出消耗量，难以计量的材料以“其他材料费占材料费”百分比形式表示。

3．本安装定额中消耗量用括号“（　）”表示的为该子目的未计价材料用量，基价中不包括其价格。

八、本安装定额中的机械及仪器仪表：

1．本安装定额的机械台班及仪器仪表消耗量是按正常合理的配备、施工工效测算确定的，已包括幅度差。

2．本安装定额中仅列主要施工机械及仪器仪表消耗量。凡单位价值2000元以内，使用年限在一年以内，不构成固定资产的施工机械及仪器仪表，定额中未列消耗量，企业管理费中考虑其使用费，其燃料动力消耗在材料费中计取。难以计量的机械台班是以“其他机械费占机械费”百分比形式表示。

九、本安装定额关于水平和垂直运输：

1．设备：包括自安装现场指定堆放地点运至安装地点的水平和垂直运输。

2．材料、成品、半成品：包括自施工单位现场仓库或现场指定堆放地点运至安装地点的水平和垂直运输。

3．垂直运输基准面：室内以室内地平面为基准面，室外以安装现场地平面为基准面。

十、本安装定额未考虑施工与生产同时进行、有害身体健康的环境中施工时降效增加费，实际发生时另行计算。

十一、本安装定额中凡注有“××以内”或“××以下”者，均包括“××”本身；凡注有“××以外”或“××以上”者，则不包括“××”本身。

十二、本安装定额授权安徽省建设工程造价总站负责解释和管理。

十三、著作权所有，未经授权，严禁使用本书内容及数据制作各类出版物和软件，违者必究。

册说明

一、第五册《建筑智能化系统设备安装工程》以下简称“本定额”，是采用《通用安装工程工程量清单计算规范》(GB 50856—2013)、《通用安装工程消耗量定额》(TY 02-31-2015)计价的智能化系统设备安装工程消耗量定额，同时适用于智能大厦、智能小区新建、扩建和改建项目中的建筑智能化系统设备安装调试工程。

二、本定额共分九章：

第一章 计算机应用、网络系统工程

第二章 综合布线系统工程

第三章 建筑设备自动化系统工程

第四章 有线电视、卫星接收系统工程

第五章 音频、视频系统工程

第六章 安全防范系统工程

第七章 信息综合管理系统工程

第八章 电源与智能建筑设备防雷接地

第九章 通讯系统设备工程

三、本定额主要依据的标准、规范有：

1.《移动通信基站防雷与接地设计规范》YD 5068-98；

2.《防盗报警控制器通用技术条件》GB 12663-2001；

3.《黑白可视对讲系统》GA/T 269-2001；

4.《视频安防监控系统技术要求》GA/T 367-2001；

5.《防盗报警控制器通用技术条件》GB 12663-2001 ；

6.《安全防范工程技术规范》GB 50348-2004；

7.《固定智能网工程设计规范》YD/T 5036-2005；

8.《国内卫星通信地球站工程设计规范》YD/T 5050-2005；

9.《集群通信设备安装工程验收规范》YD/T 5035-2005；

10.《数字集群通信工程设计暂行规定》YD/T 5034-2005；

11.《城市有线广播电视网络设计规范》GY 5075—2005；

12.《厅堂扩声系统设计规范》GB 50371-2006；

13.《通信管道与通道工程设计规范》GB 50373-2006；

14.《城市轨道交通自动售检票系统工程质量验收规范》GB 50381-2006；

15.《消防通信指挥系统施工及验收规范》GB 50401-2007；

16.《火灾自动报警系统施工及验收规范》GB 50166-2007；

17.《入侵报警系统工程设计规范》GB 50394-2007；

18.《视频安防监控系统工程设计规范》GB 50395-2007；

19.《出入口控制系统工程设计规范》GB 50396-2007；

20.《视频显示系统工程技术规范》GB 50464-2008；

21. 《扩声、会议系统安装工程施工及验收规范》GY 5055-2008；
22. 《电子信息系统机房施工及验收规范》GB 50462-2008；
23. 《电子信息系统机房设计规范》GB 50174-2008；
24. 《公路车辆智能监测记录系统通用技术条件》 GA/T 497-2009；
25. 《工业电视系统工程设计规范》GB 50115-2009；
26. 《智能建筑工程施工规范》GB5 0606-2010；
27. 《视频显示系统工程测量规范》GB/T 50525-2010；
28. 《红外线同声传译系统工程技术规范》GB 50524-2010；
29. 《电子工程防静电设计规范》GB 50611-2010；
30. 《建筑物防雷设计规范》GB 50057-2010；
31. 《住宅区和住宅建筑内通信设施工程验收规范》GB/T 50624-2010；
32. 《闯红灯自动记录系统验收技术规范》GA/T 870-2010；
33. 《民用建筑太阳能光伏系统应用技术规范》JGJ 203-2010；
34. 《道路交通信号灯》GB 14887-2011；
35. 《民用闭路监视电视系统工程技术规范》GB 50198-2011；
36. 《电子会议系统工程设计规范》GB 50799-2012；
37. 《建筑物电子信息系统防雷技术规范》GB 50343-2012；
38. 《住宅区和住宅建筑内光纤到户通信设施工程设计规范》GB 50846-2012；
39. 《电气装置安装工程蓄电池施工及验收规范》GB 50172-2012；
40. 《智能建筑工程质量验收规范》GB 50339-2013；
41. 《通用安装工程工程量清单计算规范》GB 50856—2013；
42. 《楼寓对讲电控安全门通用技术条件》GA/T 72-2013；
43. 《城市轨道交通工程安全控制技术规范》GB/T 50839-2013 ；
44. 《火灾自动报警系统设计规范》GB 50116-2013；
45. 《消防通信指挥系统设计规范》GB 50313-2013；
46. 《建筑工程施工质量统一验收标准》GB / T 50300--2013；
47. 《城市通信工程规划规范》GB/T 50853-2013；
48. 《工程造价术语标准》GB/T 50875-2013；
49. 《电子工程建设术语标准》GB/T 50780-2013；
50. 《闯红灯自动记录系统通用技术条件》 GA/T 496-2014；
51. 《建筑电气工程施工质量验收规范》GB 50303-2015；
52. 《智能建筑设计标准》GB 50314-2015；
53. 《综合布线系统工程设计规范》GB 50311-2016；
54. 《综合布线系统工程验收规范》GB 50312-2016；
55. 《通信电源设备安装工程验收规范》GB 51199-2016；
56. 《城市轨道交通通信工程质量验收规范》 GB 50382-2016 ；
57. 其他相关规定标准。

四、下列内容执行其他册相应项目：

1.电源线、控制电缆敷设、电缆托架铁构件制作、电线槽安装、桥架安装、电线管敷设、电缆沟工程、电缆保护管敷设，执行其他相关项目。

2. 通信工程中的立杆工程、天线基础、土石方工程、建筑物防雷及接地系统工程执行其他相关项目。

3. 信息化应用系统的中的立杆工程、基础、土石方工程、建筑物防雷及接地系统工程执行其他相关项目。

五、有关说明：

1. 为配合业主或认证单位验收测试而发生的费用，在合同中协商确定。

2. 本定额的设备安装工程按成套购置考虑，包括构件、标准件、附件和设备内部连线。

3. 本定额中的工作内容以说明了主要的施工工序，次要工序虽未说明，但均已包括在内。

目　录

第一章 计算机应用网络系统工程

第二章 综合布线系统工程

第三章 建筑设备自动化系统工程

第四章 有线电视、卫星接收系统安装工程

第五章 音频、视频系统工程

第六章 安全防范系统工程

第七章 信息化应用系统工程

第八章 电源与电子防雷接地装置工程

第九章 通讯系统设备工程

第一章 计算机应用、网络系统工程

说　明

一、本章包括输入/输出设备、控制设备、存储设备、网络设备、计算机应用网络系统调试及试运行、计算机软件安装、调试和无线网络安装、调试。适用于各类建筑智能化系统中计算机应用、网络系统设备的安装、调试工程。

二、系统试运行按 1 个月考虑。超过 1 个月，每增加 1 天，则综合工日、仪器仪表台班的用量分别按增加 3%计列。

三、本章不包括各类线缆、光缆的敷设，不包括设备的跳线的制作。若发生，套用其他章节的相应定额。

四、本章不包括配管、桥架、线槽、软管、信息插座和底盒、机柜、配线箱等安装。若发生，套用其他章节的相应定额。

五、本章不包括支架、基座、基础等。若发生，套用其他章节的相应定额。

六、本章不包括电源、防雷接地等。若发生，套用其他章节的相应定额。

七、本章定额不包括与计算机以外的外系统联试、校验或统调。若发生，另计。

八、本章定额不包括操作系统的开发；病毒的清除，版本的更新、升级与外系统的校验或统调。若发生，另计。

九、本章定额不包括显示设备。若发生，套用其他章节的相应定额。

工程量计算规则

一、计算机网络终端和附属设备安装，以“台”计算。

二、网络系统设备、软件安装、调试，以“台”计算。

三、控制器、模数（A/D）、数模（D/A）转换设备安装、调试，以“台”计算。

四、存储设备、网络设备安装、调试，以“台”计算。

五、局域网交换机系统功能调试，以“个”计算。

六、应用网络调试、系统试运行、验收测试，以“系统”计算。

七、计算机系统软件安装、调试，以“套”计算。

八、无线控制器安装，以“台”计算；无线 AP 安装以“个”计算。

九、无线管理系统调试，以“系统”计算。

一、输入、输出设备安装、调试

1. 终端设备安装、调试

工作内容：技术准备、开箱检查、定位安装、互联、软件初始化配置、功能检测、交验等。

计量单位：台

定额编号				A5-1-1
项目名称				微机(硬件)
基价（元）				**68.47**
其中	人工费（元）			67.20
	材料费（元）			1.27
	机械费（元）			—
名称		单位	单价(元)	消耗量
人工	综合工日	工日	140.00	0.480
材料	脱脂棉	kg	17.86	0.050
	其他材料费	元	1.00	0.380

工作内容：技术准备、开箱检查、清洁、定位安装、互联、接口检查、设备加电、调试。

计量单位：台(套)

定额编号				A5-1-2	A5-1-3	A5-1-4	A5-1-5
项目名称				工作站	服务器		
					工作组级	部门级	企业级
基价（元）				211.30	253.30	295.30	435.30
其中	人工费（元）			210.00	252.00	294.00	434.00
	材料费（元）			1.30	1.30	1.30	1.30
	机械费（元）			—	—	—	—
名称		单位	单价(元)	消耗量			
人工	综合工日	工日	140.00	1.500	1.800	2.100	3.100
材料	脱脂棉	kg	17.86	0.020	0.020	0.020	0.020
	其他材料费	元	1.00	0.940	0.940	0.940	0.940

2. 附属设备安装、调试

工作内容：技术准备、开箱检查、定位安装、互联、检测调试、交验。　　计量单位：台

定额编号				A5-1-6	A5-1-7	A5-1-8
项目名称				针式打印机	喷墨打印机	激光打印机
基价（元）				**23.46**	**36.06**	**30.11**
其中	人工费（元）			22.40	35.00	29.40
	材料费（元）			1.06	1.06	0.71
	机械费（元）			—	—	—
名称		**单位**	**单价（元）**	**消耗量**		
人工	综合工日	工日	140.00	0.160	0.250	0.210
材料	打印纸 A4	包	17.50	0.040	0.040	0.020
	脱脂棉	kg	17.86	0.020	0.020	0.020

工作内容：技术准备、开箱检查、定位安装、互联、检测调试、交验。　　　　计量单位：台

定额编号				A5-1-9	A5-1-10	A5-1-11
项目名称				笔式绘图仪	喷墨绘图仪	数字绘图仪
基价（元）				78.66	78.66	59.16
其中	人工费（元）			58.80	58.80	58.80
	材料费（元）			19.86	19.86	0.36
	机械费（元）			—	—	—
名称		单位	单价(元)	消耗量		
人工	综合工日	工日	140.00	0.420	0.420	0.420
材料	绘图仪墨水	瓶	150.00	0.100	0.100	—
	喷墨绘图仪用纸 A150m	卷	45.00	0.100	0.100	—
	脱脂棉	kg	17.86	0.020	0.020	0.020

工作内容：技术准备、开箱检查、定位安装、互联、检测调试、交验。　　计量单位：台

定额编号				A5-1-12	A5-1-13	A5-1-14
项目名称				复印机	扫描仪	传真机
基价（元）				**36.06**	**18.56**	**15.06**
其中	人工费（元）			35.00	18.20	14.00
	材料费（元）			1.06	0.36	1.06
	机械费（元）			—	—	—
名称		单位	单价(元)	消耗量		
人工	综合工日	工日	140.00	0.250	0.130	0.100
材料	打印纸 A4	包	17.50	0.040	—	0.040
	脱脂棉	kg	17.86	0.020	0.020	0.020

工作内容：技术准备、开箱检查、定位安装、互联、检测调试、交验。　　计量单位：台

定额编号				A5-1-15	A5-1-16	A5-1-17
项目名称				多功能一体机	打印机共享器(控制器)	串并转换器
基价（元）				43.06	10.16	7.18
其中	人工费（元）			42.00	9.80	7.00
	材料费（元）			1.06	0.36	0.18
	机械费（元）			—	—	—
名称		单位	单价(元)	消耗量		
人工	综合工日	工日	140.00	0.300	0.070	0.050
材料	打印纸 A4	包	17.50	0.040	—	—
	脱脂棉	kg	17.86	0.020	0.020	0.010

工作内容：技术准备、开箱检查、定位安装、互联、检测调试、交验。　　　　计量单位：个

定　额　编　号				A5-1-18
项　目　名　称				各种卡
基　　价（元）				10.16
其中	人　工　费（元）			9.80
	材　料　费（元）			0.36
	机　械　费（元）			—
名　　称		单位	单价（元）	消　耗　量
人工	综合工日	工日	140.00	0.070
材料	脱脂棉	kg	17.86	0.020

工作内容：技术准备、开箱检查、定位安装、互联、检测调试、交验。　　计量单位：条

定额编号				A5-1-19
项目名称				内存条
基价（元）				10.16
其中	人工费（元）			9.80
	材料费（元）			0.36
	机械费（元）			—
名称		单位	单价(元)	消耗量
人工	综合工日	工日	140.00	0.070
材料	脱脂棉	kg	17.86	0.020

工作内容：开箱检查、技术准备、定位安装、互联、检测调试、交验等。　　计量单位：台

定额编号				A5-1-20	A5-1-21
项目名称				桥接器	各类模块
基价（元）				**73.36**	**63.56**
其中	人工费（元）			72.80	63.00
	材料费（元）			0.56	0.56
	机械费（元）			—	—
名称		**单位**	**单价(元)**	**消耗量**	
人工	综合工日	工日	140.00	0.520	0.450
材料	脱脂棉	kg	17.86	0.010	0.010
	其他材料费	元	1.00	0.380	0.380

工作内容：开箱检查、技术准备、定位安装、互联、检测调试、交验等。　　计量单位：块

定额编号				A5-1-22
项目名称				硬盘
基价（元）				41.16
其中	人工费（元）			40.60
	材料费（元）			0.56
	机械费（元）			—
名称		单位	单价(元)	消耗量
人工	综合工日	工日	140.00	0.290
材料	脱脂棉	kg	17.86	0.010
	其他材料费	元	1.00	0.380

二、控制设备安装、调试

1. 控制器安装、调试

工作内容：技术准备、开箱检查、定位安装、互联、设备清理和清洗、单机自检、接口检查和调试、联机调试。

计量单位：台

定额编号				A5-1-23	A5-1-24	A5-1-25
项目名称				网络	通信	微机处理通信
				控制器		
基价（元）				119.87	356.82	923.26
其中	人工费（元）			114.80	350.00	910.00
	材料费（元）			0.38	2.13	3.88
	机械费（元）			4.69	4.69	9.38
名称		单位	单价(元)	消耗量		
人工	综合工日	工日	140.00	0.820	2.500	6.500
材料	打印纸 A4	包	17.50	—	0.100	0.200
	其他材料费	元	1.00	0.380	0.380	0.380
机械	笔记本电脑	台班	9.38	0.500	0.500	1.000

2. 模/数(A/D)、数/模(D/A)转换设备安装、调试

工作内容：技术准备、开箱检查、定位安装、互联、设备清理和清洗、单机自检、接口检查和调试、联机调试。

计量单位：台

定额编号				A5-1-26	A5-1-27	A5-1-28	A5-1-29
项目名称				微机控制A/D、D/A转换设备			
				8路	8/16路	16/32路	32/48路
				8位以下	12位	32位	
基价（元）				304.35	453.37	608.69	613.69
其中	人工费（元）			280.00	420.00	560.00	560.00
	材料费（元）			2.50	3.00	5.00	10.00
	机械费（元）			21.85	30.37	43.69	43.69
名称		单位	单价(元)	消耗量			
人工	综合工日	工日	140.00	2.000	3.000	4.000	4.000
材料	其他材料费	元	1.00	2.500	3.000	5.000	10.000
机械	笔记本电脑	台班	9.38	1.000	1.500	2.000	2.000
	时间间隔测定仪	台班	7.66	1.000	1.500	2.000	2.000
	示波器	台班	9.61	0.500	0.500	1.000	1.000

工作内容：技术准备、开箱检查、定位安装、互联、设备清理和清洗、单机自检、接口检查和调试、联机调试。

计量单位：台

定额编号				A5-1-30	A5-1-31	A5-1-32
项目名称				微机控制A/D、D/A转换设备		
				48/64路	96/128路	128/256路
				32位	32/64位	
基价（元）				772.02	921.82	1085.15
其中	人工费（元）			700.00	840.00	980.00
	材料费（元）			15.00	20.00	30.00
	机械费（元）			57.02	61.82	75.15
名称		单位	单价(元)	消耗量		
人工	综合工日	工日	140.00	5.000	6.000	7.000
材料	其他材料费	元	1.00	15.000	20.000	30.000
机械	笔记本电脑	台班	9.38	2.500	2.500	3.000
	时间间隔测定仪	台班	7.66	2.500	2.500	3.000
	示波器	台班	9.61	1.500	2.000	2.500

3.外设扩展柜安装、调试

工作内容：技术准备、开箱检查、定位安装、互联、设备清理和清洗、单机自检、接口检查和调试、联机调试。

计量单位：台

定额编号				A5-1-33	A5-1-34
项目名称				外设扩展柜19″	
				64路以下	256路以下
基价（元）				287.69	433.38
其中	人工费（元）			280.00	420.00
	材料费（元）			3.00	4.00
	机械费（元）			4.69	9.38
名称		单位	单价(元)	消耗量	
人工	综合工日	工日	140.00	2.000	3.000
材料	其他材料费	元	1.00	3.000	4.000
机械	笔记本电脑	台班	9.38	0.500	1.000

三、存储设备安装、调试

1. 硬盘、光盘机、光盘库安装、调试

工作内容：技术准备、开箱检查、定位安装、互联、设备清理和清洗、单机自检、接口检查和调试、联机调试。

计量单位：台

定额编号				A5-1-35
项目名称				移动硬盘
基价（元）				30.82
其中	人工费（元）			28.00
	材料费（元）			0.94
	机械费（元）			1.88
名称		单位	单价(元)	消耗量
人工	综合工日	工日	140.00	0.200
材料	其他材料费	元	1.00	0.940
机械	笔记本电脑	台班	9.38	0.200

工作内容：技术准备、开箱检查、定位安装、互联、设备清理和清洗、单机自检、接口检查和调试、联机调试。

计量单位：台

定额编号				A5-1-36	A5-1-37	A5-1-38
项目名称				光盘库		
				（盒50以内）	（盒100以内）	（盒200以内）
基价（元）				86.99	131.99	190.98
其中	人工费（元）			84.00	126.00	182.00
	材料费（元）			0.18	0.36	0.54
	机械费（元）			2.81	5.63	8.44
名称		单位	单价（元）	消耗量		
人工	综合工日	工日	140.00	0.600	0.900	1.300
材料	脱脂棉	kg	17.86	0.010	0.020	0.030
机械	笔记本电脑	台班	9.38	0.300	0.600	0.900

工作内容：技术准备、开箱检查、定位安装、互联、设备清理和清洗、单机自检、接口检查和调试、联机调试。

计量单位：台

定额编号				A5-1-39	A5-1-40
项目名称				光盘机DVD-R/RW	硬盘驱动器
基价（元）				32.64	75.67
其中	人工费（元）			28.00	70.00
	材料费（元）			2.29	2.86
	机械费（元）			2.35	2.81
名称		单位	单价(元)	消耗量	
人工	综合工日	工日	140.00	0.200	0.500
材料	工业酒精 99.5%	kg	1.36	—	0.100
	光盘 5″	片	0.50	1.000	—
	脱脂棉	kg	17.86	0.100	0.100
	其他材料费	元	1.00	—	0.940
机械	笔记本电脑	台班	9.38	0.250	0.300

2. 磁盘阵列机安装、调试

工作内容：技术准备、开箱检查、定位安装、互联、设备清理和清洗、单机自检、接口检查和调试、联机调试。

计量单位：台

定额编号				A5-1-41	A5-1-42	A5-1-43	A5-1-44
项目名称				磁盘阵列机			
				8通道	16通道	32通道	128通道
基价（元）				315.46	483.05	651.64	967.96
其中	人工费（元）			280.00	420.00	560.00	840.00
	材料费（元）			26.08	48.98	72.88	99.82
	机械费（元）			9.38	14.07	18.76	28.14
名称		单位	单价（元）	消耗量			
人工	综合工日	工日	140.00	2.000	3.000	4.000	6.000
材料	工业酒精 99.5%	kg	1.36	2.000	3.500	5.000	8.000
	脱脂棉	kg	17.86	1.000	2.000	3.000	4.000
	其他材料费	元	1.00	5.500	8.500	12.500	17.500
机械	笔记本电脑	台班	9.38	1.000	1.500	2.000	3.000

工作内容：技术准备、开箱检查、定位安装、互联、设备清理和清洗、单机自检、接口检查和调试、联机调试。

计量单位：块

定额编号				A5-1-45
项目名称				每增加1块硬盘
基价（元）				22.94
其中	人工费（元）			21.00
	材料费（元）			1.00
	机械费（元）			0.94
名称		单位	单价(元)	消耗量
人工	综合工日	工日	140.00	0.150
材料	其他材料费	元	1.00	1.000
机械	笔记本电脑	台班	9.38	0.100

四、网络设备安装、调试

1.路由器、适配器、中继器安装、调试

工作内容：技术准备、开箱检查、清洁、定位安装、互联、接口检查、加电调试。 计量单位：台

定额编号				A5-1-46	A5-1-47
项目名称				路由器	
				固定式	插槽式
基价（元）				80.17	89.05
其中	人工费（元）			77.00	84.00
	材料费（元）			0.36	0.36
	机械费（元）			2.81	4.69
名称		单位	单价(元)	消耗量	
人工	综合工日	工日	140.00	0.550	0.600
材料	脱脂棉	kg	17.86	0.020	0.020
机械	笔记本电脑	台班	9.38	0.300	0.500

工作内容：技术准备，电源检测和联试安全保护，接口检查，硬件系统的验证，硬件调试。　　计量单位：台

定额编号				A5-1-48	A5-1-49
项目名称				适配器	中继器
基价（元）				147.19	111.69
其中	人工费（元）			140.00	105.00
	材料费（元）			2.50	2.00
	机械费（元）			4.69	4.69
名称		单位	单价（元）	消耗量	
人工	综合工日	工日	140.00	1.000	0.750
材料	其他材料费	元	1.00	2.500	2.000
机械	笔记本电脑	台班	9.38	0.500	0.500

工作内容：技术准备、路由设置、安全策略设置、功能调试。　　计量单位：台

定　额　编　号				A5-1-50	A5-1-51
项　目　名　称				路由器功能调试	
				2个子网以下	每增加1个子网
基　价（元）				142.24	19.03
其中	人　工　费（元）			140.00	18.20
	材　料　费（元）			0.36	0.36
	机　械　费（元）			1.88	0.47
名　称		单位	单价(元)	消　耗　量	
人工	综合工日	工日	140.00	1.000	0.130
材料	脱脂棉	kg	17.86	0.020	0.020
机械	笔记本电脑	台班	9.38	0.200	0.050

2. 收发器设备安装、调试

工作内容：技术准备，电源检测和联试安全保护，接口检查，硬件系统的验证，硬件调试。　　计量单位：台

定额编号				A5-1-52	A5-1-53
项目名称				收发器	
				粗细缆	光纤
基价（元）				126.85	115.39
其中	人工费（元）			56.00	35.00
	材料费（元）			2.00	3.00
	机械费（元）			68.85	77.39
名称		单位	单价（元）	消耗量	
人工	综合工日	工日	140.00	0.400	0.250
材料	其他材料费	元	1.00	2.000	3.000
机械	笔记本电脑	台班	9.38	0.250	0.250
	光纤测试仪	台班	34.18	—	0.250
	频谱分析仪	台班	266.00	0.250	0.250

3. 防火墙设备安装、调试

工作内容：技术准备、开箱检查、清洁、定位安装、互联、接口检查、设备加电调试、安全策划设置和功能检查等。

计量单位：套

定额编号				A5-1-54
项目名称				防火墙
基价（元）				105.87
其中	人工费（元）			98.00
	材料费（元）			3.18
	机械费（元）			4.69
名称		单位	单价（元）	消耗量
人工	综合工日	工日	140.00	0.700
材料	脱脂棉	kg	17.86	0.010
	其他材料费	元	1.00	3.000
机械	笔记本电脑	台班	9.38	0.500

4. 交换机设备安装、调试

工作内容：技术准备，电源检测和联试安全保护，接口检查，硬件系统的验证，硬件调试。　　计量单位：台

定额编号				A5-1-55	A5-1-56	A5-1-57	A5-1-58
项目名称				交换机安装(端口数量)			
				≤8口	≤24口	≤48口	≤96口
基价（元）				**212.58**	**387.76**	**527.76**	**844.63**
其中	人工费（元）			168.00	280.00	420.00	630.00
	材料费（元）			0.89	0.89	0.89	0.89
	机械费（元）			43.69	106.87	106.87	213.74
名称		**单位**	**单价(元)**	**消耗量**			
人工	综合工日	工日	140.00	1.200	2.000	3.000	4.500
材料	脱脂棉	kg	17.86	0.050	0.050	0.050	0.050
机械	笔记本电脑	台班	9.38	0.500	1.000	1.000	2.000
	网络分析仪	台班	194.98	0.200	0.500	0.500	1.000

工作内容：技术准备、虚网划分、端口设置、路由设置、包过滤、设备监控等功能调试。

计量单位：个

定额编号				A5-1-59	A5-1-60
项目名称				交换机系统功能调试	
				2个子网以下	每增加1个子网
基价（元）				143.17	21.83
其中	人工费（元）			140.00	21.00
	材料费（元）			0.36	0.36
	机械费（元）			2.81	0.47
名称		单位	单价(元)	消耗量	
人工	综合工日	工日	140.00	1.000	0.150
材料	脱脂棉	kg	17.86	0.020	0.020
机械	笔记本电脑	台班	9.38	0.300	0.050

5. 网络服务器系统软件安装、调试

工作内容：技术准备、系统软件功能检测、调试。 计量单位：套

定额编号				A5-1-61	A5-1-62	A5-1-63
项目名称				服务器系统软件		
				25用户以下	50用户以下	50用户以上
基价（元）				105.35	140.71	210.88
其中	人工费（元）			105.00	140.00	210.00
	材料费（元）			0.35	0.71	0.88
	机械费（元）			—	—	—
名称		单位	单价（元）	消耗量		
人工	综合工日	工日	140.00	0.750	1.000	1.500
材料	打印纸 A4	包	17.50	0.010	0.020	0.030
	脱脂棉	kg	17.86	0.010	0.020	0.020

6. 网桥设备安装、调试

工作内容：技术准备，电源检测和联试安全保护，接口检查，硬件系统的验证，硬件调试。　　计量单位：台

定额编号				A5-1-64	A5-1-65	A5-1-66	A5-1-67
项目名称				本地网桥			
				FDDI	以太网	令牌环网	快速以太网
基价（元）				**447.44**	**220.35**	**443.54**	**147.77**
其中	人工费（元）			420.00	210.00	420.00	140.00
	材料费（元）			—	—	—	—
	机械费（元）			27.44	10.35	23.54	7.77
名称		**单位**	**单价(元)**	**消耗量**			
人工	综合工日	工日	140.00	3.000	1.500	3.000	1.000
机械	笔记本电脑	台班	9.38	0.300	0.300	0.500	0.100
	光纤测试仪	台班	34.18	0.500	—	—	0.200
	线缆测试仪	台班	37.69	0.200	0.200	0.500	—

工作内容：技术准备,电源检测和联试安全保护,接口检查,硬件系统的验证,硬件调试。　　计量单位：台

定额编号				A5-1-68
项目名称				远程网桥
基价（元）				569.65
其中	人工费（元）			560.00
	材料费（元）			—
	机械费（元）			9.65
名称		单位	单价(元)	消耗量
人工	综合工日	工日	140.00	4.000
机械	笔记本电脑	台班	9.38	0.300
	光纤测试仪	台班	34.18	0.200

五、无线网络安装、调试

工作内容：开箱检查、清点资料、设备安装、加电检查、调试设备、清理现场。　　计量单位：台

定额编号				A5-1-69
项目名称				无线控制器
基价（元）				580.55
其中	人工费（元）			560.00
	材料费（元）			1.79
	机械费（元）			18.76
名称		单位	单价(元)	消耗量
人工	综合工日	工日	140.00	4.000
材料	脱脂棉	kg	17.86	0.100
机械	笔记本电脑	台班	9.38	2.000

工作内容：开箱检查，清点资料，设备就位与安装，加电检查，调试设备，清理现场。　　计量单位：个

定额编号				A5-1-70
项目名称				无线AP
基价（元）				72.73
其中	人工费（元）			70.00
	材料费（元）			1.79
	机械费（元）			0.94
名称		单位	单价（元）	消耗量
人工	综合工日	工日	140.00	0.500
材料	脱脂棉	kg	17.86	0.100
机械	笔记本电脑	台班	9.38	0.100

六、计算机应用、网络系统调试、试运行

1. 网络系统调试

工作内容：技术准备、子网设置、ip调整、域名设置、服务器分配、端口设置、指标测试、测试报告。

计量单位：系统

定额编号				A5-1-71	A5-1-72	A5-1-73
项目名称				信息点		
				100以内	200以内	每增加50个
基价（元）				1764.06	3506.81	318.65
其中	人工费（元）			700.00	1400.00	210.00
	材料费（元）			0.36	0.36	0.18
	机械费（元）			1063.70	2106.45	108.47
名称		单位	单价（元）	消耗量		
人工	综合工日	工日	140.00	5.000	10.000	1.500
材料	脱脂棉	kg	17.86	0.020	0.020	0.010
机械	笔记本电脑	台班	9.38	5.000	10.000	0.500
	对讲机(一对)	台班	4.19	10.000	15.000	1.500
	网络分析仪	台班	194.98	5.000	10.000	0.500

2. 系统试运行

工作内容：按规范要求，测试各项技术指标的稳定性、可靠性，提供试运行报告等。　　计量单位：系统

定额编号				A5-1-74
项目名称				系统试运行
基价（元）				7755.99
其中	人工费（元）			5600.00
	材料费（元）			28.59
	机械费（元）			2127.40
名称		单位	单价(元)	消耗量
人工	综合工日	工日	140.00	40.000
材料	打印纸 A4	包	17.50	0.050
	绘图纸 A3	包	24.00	1.000
	脱脂棉	kg	17.86	0.040
	其他材料费	元	1.00	3.000
机械	笔记本电脑	台班	9.38	10.000
	对讲机(一对)	台班	4.19	20.000
	网络分析仪	台班	194.98	10.000

七、计算机系统软件安装、调试

工作内容：技术准备、软件安装、软件功能检测、调试、测试报告。　　　　计量单位：套

定额编号				A5-1-75	A5-1-76	A5-1-77	A5-1-78
项目名称				应用软件	工具软件	支持软件	通信软件
基价（元）				358.75	213.50	288.75	573.13
其中	人工费（元）			350.00	210.00	280.00	560.00
	材料费（元）			8.75	3.50	8.75	13.13
	机械费（元）			—	—	—	—
名称		单位	单价(元)	消耗量			
人工	综合工日	工日	140.00	2.500	1.500	2.000	4.000
材料	打印纸 A4	包	17.50	0.500	0.200	0.500	0.750

第二章 综合布线系统工程

说　明

一、本章包括机柜、架、抗震底座安装，各类线缆、光纤（缆）敷设，连接及附属设备安装，端接及管理设备安装，弱电插座安装，线缆和光纤测试等，适用于建筑智能化系统中综合布线的安装工程。

二、本章综合布线是按超五类非屏蔽布线编制的，六类及以上的非屏蔽、屏蔽布线时，所用项目的综合工日的用量按增加 10%计取。

三、在已建天棚内敷设线缆时，所用项目的综合工日的用量按增加 50%计列。

四、对于阻抗不同的同轴电缆敷设参照相应的同轴电缆定额。

五、本章不包括：钢管、PVC 管、多孔梅花管、桥架、线槽敷设工程、配线箱、接线盒工程、杆路工程、设备基础工程和埋式光缆的挖填土工程，若发生，套用其他章节和其他专业册的相应定额。

工程量计算规则

一、双绞线缆、光缆敷设、穿放、明布放以延长米计算。线缆、光缆敷设按单根延长米计算，如一个架上敷设3根各长100m的电缆，应按300m计算，以此类推。

二、线缆、光缆附加及预留的长度是敷设长度的组成部分，应计入工程量中。各种敷设预留长度计算规则：

1．进入设备箱、端子箱按箱体的半周长；

2．进入建筑物预留长度2m；

3．进入电缆沟内或吊架上引上（下）预留1.5m；

4．光缆中间接头盒，两端各留2m。

三、光缆敷设工程量计算时除加上箱、柜内的预留长度外，另加每一端0.5m的预留长度用于做光缆头。

四、制作跳线以“条”为计量单位，卡接双绞线缆以“对”为计量单位，跳线架、配线架安装以“条”为计量单位计算。

五、安装各类信息插座、过线（路）盒、信息插座底盒（接线盒）、光缆终端盒和跳块打接以“个”计算。

六、双绞线缆测试、光纤测试以“链路”为单元计算。

七、光纤连接以“芯”（磨制法以“端口”）计算。

八、布放尾纤以“根”计算。

九、光纤接续以“头”计算。

十、制作光纤成端接头以“套”计算。

十一、机柜、机架以“台”计算，抗震底座安装以“个”计算。

一、机柜、机架、抗震底座安装

工作内容：开箱检查、清洁搬运、安装固定、附件安装、接地等。　　　　计量单位：台

定额编号				A5-2-1	A5-2-2
项目名称				机柜、机架	
				落地式	墙挂式
基价（元）				117.90	159.90
其中	人工费（元）			112.00	154.00
	材料费（元）			5.90	5.90
	机械费（元）			—	—
名称		单位	单价(元)	消耗量	
人工	综合工日	工日	140.00	0.800	1.100
材料	机柜(机架)	个	—	(1.000)	(1.000)
	棉纱头	kg	6.00	0.100	0.100
	膨胀螺栓 M12以下	套	1.30	4.080	4.080

工作内容：开箱检查、清洁搬运、安装固定、附件安装、接地等。　　计量单位：个

定额编号				A5-2-3
项目名称				抗震底座
基价（元）				70.00
其中	人工费（元）			70.00
	材料费（元）			—
	机械费（元）			—
名称		单位	单价(元)	消耗量
人工	综合工日	工日	140.00	0.500
材料	抗震底座	个	—	(1.000)

二、线缆、光纤(缆)安装

1.穿放、布放双绞线

工作内容：检验、抽测电缆、清理管(暗槽)、制作穿线端头(钩)、穿放引线、穿放电缆、做永久标记、封堵出口等。

计量单位：100m

定额编号				A5-2-4	A5-2-5	A5-2-6
项目名称				敷设双绞线缆		
				管、暗槽内穿放(对以内)		
				4	25	50
基价(元)				119.48	225.46	273.13
其中	人工费(元)			113.82	217.28	260.54
	材料费(元)			1.68	2.61	4.63
	机械费(元)			3.98	5.57	7.96
名称		单位	单价(元)	消耗量		
人工	综合工日	工日	140.00	0.813	1.552	1.861
材料	25对双绞线缆	m	—	—	(102.000)	—
	4对双绞线缆	m	—	(102.000)	—	—
	50对双绞线缆	m	—	—	—	(102.000)
	镀锌铁丝 8号	kg	3.57	0.200	0.200	0.200
	钢管用塑料护口 φ32	个	0.47	—	4.040	—
	钢管用塑料护口 φ50	个	0.97	—	—	4.040
	塑料护口(钢管用) 15	个	0.24	4.040	—	—
机械	对讲机(一对)	台班	4.19	0.950	1.330	1.900

工作内容：检验、抽测电缆、清理管(暗槽)、制作穿线端头(钩)、穿放引线、穿放电缆、做永久标记、封堵出口等。

计量单位：100m

定额编号				A5-2-7	A5-2-8
项目名称				敷设双绞线缆	
				管、暗槽内穿放(对以内)	
				100	200
基价(元)				361.43	531.73
其中	人工费(元)			343.28	507.50
	材料费(元)			6.21	8.31
	机械费(元)			11.94	15.92
名称		单位	单价(元)	消耗量	
人工	综合工日	工日	140.00	2.452	3.625
材料	100对双绞线缆	m	—	(102.000)	—
	200对双绞线缆	m	—	—	(102.000)
	镀锌铁丝 8号	kg	3.57	0.200	0.200
	钢管用塑料护口 φ100	个	1.88	—	4.040
	塑料护口(钢管用) 70	个	1.36	4.040	—
机械	对讲机(一对)	台班	4.19	2.850	3.800

工作内容：检验、抽测电缆、清理槽道、布放、绑扎电缆、做永久标记、封堵出口等。

计量单位：100m

定额编号				A5-2-9	A5-2-10	A5-2-11
项目名称				敷设双绞线缆		
				线槽/桥架内明布放(对以内)		
				4	25	50
基价（元）				215.86	273.13	344.79
其中	人工费（元）			203.70	258.02	325.92
	材料费（元）			8.18	9.54	10.91
	机械费（元）			3.98	5.57	7.96
名称		单位	单价(元)	消耗量		
人工	综合工日	工日	140.00	1.455	1.843	2.328
材料	25对双绞线缆	m	—	—	(102.000)	—
	4对双绞线缆	m	—	(102.000)	—	—
	50对双绞线缆	m	—	—	—	(102.000)
	电缆卡子(综合)	个	0.27	30.300	35.350	40.400
机械	对讲机(一对)	台班	4.19	0.950	1.330	1.900

工作内容：检验、抽测电缆、清理槽道、布放、绑扎电缆、做永久标记、封堵出口等。

计量单位：100m

定额编号				A5-2-12	A5-2-13
项目名称				敷设双绞线缆	
				线槽/桥架内明布放(对以内)	
				100	200
基价(元)				485.93	681.40
其中	人工费(元)			461.72	651.84
	材料费(元)			12.27	13.64
	机械费(元)			11.94	15.92
名称		单位	单价(元)	消耗量	
人工	综合工日	工日	140.00	3.298	4.656
材料	100对双绞线缆	m	—	(102.000)	—
	200对双绞线缆	m	—	—	(102.000)
	电缆卡子(综合)	个	0.27	45.450	50.500
机械	对讲机(一对)	台班	4.19	2.850	3.800

2. 穿放、布放软电线

工作内容：穿引线、扫管、涂滑石粉、放线、穿线、编号、临时封头等。　　计量单位：100m

定额编号				A5-2-14	A5-2-15	A5-2-16
项目名称				管、暗槽内穿、放软电线(芯以内)		
				2	4	8
基价（元）				104.26	132.44	163.24
其中	人工费（元）			100.80	128.80	159.60
	材料费（元）			1.47	1.65	1.65
	机械费（元）			1.99	1.99	1.99
名称		单位	单价(元)	消耗量		
人工	综合工日	工日	140.00	0.720	0.920	1.140
材料	屏蔽软线 AV-250-0.2	m	—	—	—	(105.000)
	软线	m	—	(105.000)	(105.000)	—
	镀锌铁丝 14号	kg	3.57	0.090	0.090	0.090
	线号套管(综合) φ3.5mm	只	0.12	2.100	2.100	2.100
	装料胶布带 25mm×10mm	卷	1.20	0.750	0.900	0.900
机械	对讲机(一对)	台班	4.19	0.475	0.475	0.475

工作内容：穿引线、扫管、涂滑石粉、放线、穿线、编号、临时封头等。　　　　计量单位：100m

定额编号					A5-2-17	A5-2-18
项目名称					管、暗槽内穿、放软电线	
					12芯以内	12芯以上
基价（元）					195.56	239.38
其中	人工费（元）				191.80	235.20
	材料费（元）				1.77	2.19
	机械费（元）				1.99	1.99
名称			单位	单价(元)	消耗量	
人工	综合工日		工日	140.00	1.370	1.680
材料	屏蔽软线 AV-250-0.2		m	—	(105.000)	—
	软线		m	—	—	(105.000)
	镀锌铁丝 14号		kg	3.57	0.090	0.090
	线号套管(综合) φ3.5mm		只	0.12	2.100	2.100
	装料胶布带 25mm×10mm		卷	1.20	1.000	1.350
机械	对讲机(一对)		台班	4.19	0.475	0.475

工作内容：清扫线槽、放线、编号、对号、绑扎、整理、临时封头等。　　计量单位：100m

定额编号				A5-2-19	A5-2-20	A5-2-21
项目名称				线槽、桥架内布放软电线(芯以内)		
				2	4	8
基价（元）				115.02	143.02	176.69
其中	人工费（元）			112.00	140.00	173.60
	材料费（元）			1.03	1.03	1.10
	机械费（元）			1.99	1.99	1.99
名称		单位	单价(元)	消耗量		
人工	综合工日	工日	140.00	0.800	1.000	1.240
材料	软线	m	—	(105.000)	(105.000)	(105.000)
	镀锌铁丝 14号	kg	3.57	0.090	0.090	0.100
	尼龙扎带 L=100～150	个	0.04	5.000	5.000	6.000
	线号套管(综合) φ3.5mm	只	0.12	4.200	4.200	4.200
机械	对讲机(一对)	台班	4.19	0.475	0.475	0.475

工作内容：清扫线槽、放线、编号、对号、绑扎、整理、临时封头等。　　　　计量单位：100m

定额编号				A5-2-22	A5-2-23
项目名称				线槽、桥架内布放软电线	
				12芯以内	12芯以上
基价（元）				214.49	259.44
其中	人工费（元）			211.40	256.20
	材料费（元）			1.10	1.25
	机械费（元）			1.99	1.99
名称		单位	单价(元)	消耗量	
人工	综合工日	工日	140.00	1.510	1.830
材料	软线	m	—	(105.000)	(105.000)
	镀锌铁丝 14号	kg	3.57	0.100	0.120
	尼龙扎带 L=100～150	个	0.04	6.000	8.000
	线号套管(综合) φ3.5mm	只	0.12	4.200	4.200
机械	对讲机(一对)	台班	4.19	0.475	0.475

3. 光缆安装

工作内容：检查、测试光缆 、清理管(暗槽)、制作穿线端头(钩)、穿放引线穿放光缆、出口衬垫、做标记、封堵出口等。

计量单位：100m

定额编号				A5-2-24	A5-2-25	A5-2-26	A5-2-27
项目名称				敷设光缆			
				管/暗槽内穿放(芯以下)			
				12	36	72	每增加12芯
基价（元）				**235.20**	**347.82**	**460.79**	**58.37**
其中	人工费（元）			230.86	339.50	448.14	56.00
	材料费（元）			0.36	0.36	0.71	0.36
	机械费（元）			3.98	7.96	11.94	2.01
名称		**单位**	**单价(元)**	**消耗量**			
人工	综合工日	工日	140.00	1.649	2.425	3.201	0.400
材料	光缆	m	—	(102.000)	(102.000)	(102.000)	(102.000)
	镀锌铁丝 14号	kg	3.57	0.100	0.100	0.200	0.100
机械	对讲机(一对)	台班	4.19	0.950	1.900	2.850	0.480

工作内容：检验、测试光缆、清理槽道、布放、绑扎光缆、加垫套、做标记、封堵出口等。

计量单位：100m

定额编号				A5-2-28	A5-2-29	A5-2-30	A5-2-31
项目名称				敷设光缆			
				线槽/桥架内明布放(芯以下)			
				12	36	72	每增加12芯
基价（元）				272.66	385.28	497.90	62.05
其中	人工费（元）			244.44	353.08	461.72	56.00
	材料费（元）			24.24	24.24	24.24	4.04
	机械费（元）			3.98	7.96	11.94	2.01
名称		单位	单价(元)	消耗量			
人工	综合工日	工日	140.00	1.746	2.522	3.298	0.400
材料	光缆	m	—	(102.000)	(102.000)	(102.000)	(102.000)
	光缆卡子	个	0.40	60.600	60.600	60.600	10.100
机械	对讲机(一对)	台班	4.19	0.950	1.900	2.850	0.480

工作内容：检测光缆 、配盘、架设光缆、卡挂挂钩、盘余长、绑保护物。 计量单位：100m

定额编号				A5-2-32	A5-2-33	A5-2-34	A5-2-35
项目名称				室外架设架空光缆(卡钩式)(芯以下)			
				12	36	72	96
基价（元）				504.41	559.79	670.38	725.72
其中	人工费（元）			380.24	434.56	543.20	597.52
	材料费（元）			123.14	123.28	123.28	123.28
	机械费（元）			1.03	1.95	3.90	4.92
名称		单位	单价(元)	消耗量			
人工	综合工日	工日	140.00	2.716	3.104	3.880	4.268
材料	光缆 12芯	m	—	(102.000)	—	—	—
	光缆 36芯	m	—	—	(102.000)	—	—
	光缆 72芯	m	—	—	—	(102.000)	—
	光缆 96芯	m	—	—	—	—	(102.000)
	电缆挂钩 25	个	0.60	202.000	202.000	202.000	202.000
	镀锌铁丝 18号	kg	3.57	0.060	0.100	0.100	0.100
	聚乙烯管 D32×2.5	kg	2.10	0.820	0.820	0.820	0.820
机械	光时域反射仪	台班	102.55	0.010	0.019	0.038	0.048

注：不包括安装拉线工程，如发生另计。

工作内容：检查测试光缆 、光缆配盘、清理沟底、布放光缆、盘余长、做标记。　　　　计量单位：100m

定额编号				A5-2-36	A5-2-37	A5-2-38	A5-2-39
项目名称				室外敷设埋式光缆(芯以下)			
				12	36	72	96
基价（元）				327.66	437.22	466.33	521.67
其中	人工费（元）			325.92	434.56	461.72	516.04
	材料费（元）			0.71	0.71	0.71	0.71
	机械费（元）			1.03	1.95	3.90	4.92
名称		单位	单价(元)	消耗量			
人工	综合工日	工日	140.00	2.328	3.104	3.298	3.686
材料	光缆 12芯	m	—	(102.000)	—	—	—
	光缆 36芯	m	—	—	(102.000)	—	—
	光缆 72芯	m	—	—	—	(102.000)	—
	光缆 96芯	m	—	—	—	—	(102.000)
	镀锌铁丝 18号	kg	3.57	0.100	0.100	0.100	0.100
	镀锌铁丝 8号	kg	3.57	0.100	0.100	0.100	0.100
机械	光时域反射仪	台班	102.55	0.010	0.019	0.038	0.048

4. 光缆外护套、光纤束

工作内容：1. 布放光缆护套:清理槽道、布放、绑扎光缆护套、加垫套、做标记、封堵出口等。2. 气流法布放光纤束:检验、测试光纤、检查护套、气吹布放光纤束、做标记、封堵出口等。

计量单位：100m

定额编号				A5-2-40	A5-2-41
项目名称				敷设光缆	
				布放光缆护套	气流法布放光纤束
基价（元）				**248.42**	**166.24**
其中	人工费（元）			244.44	149.38
	材料费（元）			—	—
	机械费（元）			3.98	16.86
名称		单位	单价(元)	消耗量	
人工	综合工日	工日	140.00	1.746	1.067
材料	光缆护套	m	—	(101.000)	—
	光纤束	m	—	—	(102.000)
机械	对讲机(一对)	台班	4.19	0.950	0.760
	光缆气流吹缆机	台班	720.00	—	0.019

三、跳线、配线架、光纤耦合器安装

1. 跳线

工作内容：1. 检验、测试电缆、清理、电缆敷设、线、缆编号等全部操作过程。2. 检验、量线缆、线缆与连接器压接、检查测试等。

计量单位：条

定额编号				A5-2-42	A5-2-43
项目名称				铜缆跳线制作	光纤跳线制作
基价（元）				7.66	31.42
其中	人工费（元）			7.00	28.00
	材料费（元）			—	—
	机械费（元）			0.66	3.42
名称		单位	单价(元)	消耗量	
人工	综合工日	工日	140.00	0.050	0.200
材料	2芯光纤	m	—	—	(1.010)
	光纤连接器头	个	—	—	(2.020)
	跳线连接器	个	—	(2.000)	—
机械	导通测试仪	台班	15.90	0.040	—
	光纤测试仪	台班	34.18	—	0.100
	双绞线打接工具	台班	0.68	0.030	—

2. 配线架安装

工作内容：安装配线架及附件、卡接双绞线缆、编扎固定双绞线缆、卡线、做屏蔽、核对线序、做永久标识等。

计量单位：条

定额编号				A5-2-44	A5-2-45	A5-2-46	A5-2-47
项目名称				语言配线架安装打接			双绞线缆打接
				100对	200对	400对	(对)
基价（元）				169.57	320.77	631.57	0.88
其中	人工费（元）			168.00	319.20	630.00	0.70
	材料费（元）			1.57	1.57	1.57	0.18
	机械费（元）			—	—	—	—
名称		单位	单价(元)	消耗量			
人工	综合工日	工日	140.00	1.200	2.280	4.500	0.005
材料	镀锌螺栓 M5×25	套	0.34	4.100	4.100	4.100	—
	脱脂棉	kg	17.86	0.010	0.010	0.010	0.010

工作内容：安装配线架及附件、卡接双绞线缆、编扎固定双绞线缆、卡线、做屏蔽、核对线序、做永久标识等。

计量单位：条

定额编号				A5-2-48	A5-2-49	A5-2-50	A5-2-51
项目名称				数据配线架安装打接			
				12口	24口	48口	96口
基价（元）				102.37	175.17	323.57	617.57
其中	人工费（元）			100.80	173.60	322.00	616.00
	材料费（元）			1.57	1.57	1.57	1.57
	机械费（元）			—	—	—	—
名称		单位	单价（元）	消耗量			
人工	综合工日	工日	140.00	0.720	1.240	2.300	4.400
材料	镀锌螺栓 M5×25	套	0.34	4.100	4.100	4.100	4.100
	脱脂棉	kg	17.86	0.010	0.010	0.010	0.010

工作内容：安装打接配线架、卡接双绞线缆，编扎固定双绞线缆、卡线、做屏蔽、核对线序、做永久标记、调测等。

计量单位：条

定额编号				A5-2-52	A5-2-53
项目名称				智能配线架安装打接	
				24口	48口
基价（元）				**438.37**	**835.97**
其中	人工费（元）			436.80	834.40
	材料费（元）			1.57	1.57
	机械费（元）			—	—
名称		单位	单价(元)	消耗量	
人工	综合工日	工日	140.00	3.120	5.960
材料	镀锌螺栓 M5×25	套	0.34	4.100	4.100
	脱脂棉	kg	17.86	0.010	0.010

工作内容：开箱检查、配架安装、整理、清理等。　　　　计量单位：架

定额编号				A5-2-54	A5-2-55	A5-2-56
项目名称				安装光纤配线架(盘)		
				12口以下	24口以下	48口以下
基价（元）				15.57	19.77	22.57
其中	人工费（元）			14.00	18.20	21.00
	材料费（元）			1.57	1.57	1.57
	机械费（元）			—	—	—
名称		单位	单价(元)	消耗量		
人工	综合工日	工日	140.00	0.100	0.130	0.150
材料	镀锌螺栓 M5×25	套	0.34	4.100	4.100	4.100
	脱脂棉	kg	17.86	0.010	0.010	0.010

3. 光纤耦合器安装

工作内容：开箱检查、安装、调整等。　　　　　　　　　　　　　　　　计量单位：个

定额编号				A5-2-57	A5-2-58
项目名称				光纤耦合器	
				单口	双口
基价（元）				4.38	5.78
其中	人工费（元）			4.20	5.60
	材料费（元）			0.18	0.18
	机械费（元）			—	—
名称		单位	单价(元)	消耗量	
人工	综合工日	工日	140.00	0.030	0.040
材料	光纤耦合器	个	—	(1.010)	(1.010)
	脱脂棉	kg	17.86	0.010	0.010

4. 光纤耦合器条安装

工作内容：开箱检查、安装、水平调整等。　　　　计量单位：条

定额编号				A5-2-59	A5-2-60
项目名称				光纤耦合器条	
				12口以下	12口以上
基价（元）				9.19	9.19
其中	人工费（元）			8.40	8.40
	材料费（元）			0.79	0.79
	机械费（元）			—	—
名称		单位	单价(元)	消耗量	
人工	综合工日	工日	140.00	0.060	0.060
材料	光纤耦合器条	条	—	(1.010)	(1.010)
	镀锌螺栓 M4×30	套	0.15	4.100	4.100
	脱脂棉	kg	17.86	0.010	0.010

四、弱电插座安装

1. 电话插座

工作内容：面板安装、接线等。

计量单位：个

定额编号				A5-2-61	A5-2-62
项目名称				电话插座	
				单口	双口
基价（元）				**6.26**	**6.54**
其中	人工费（元）			6.02	6.30
	材料费（元）			0.24	0.24
	机械费（元）			—	—
名称		单位	单价（元）	消耗量	
人工	综合工日	工日	140.00	0.043	0.045
材料	电话插座 单口	个	—	(1.010)	—
	电话插座 双口	个	—	—	(1.010)
	镀锌螺栓 M4×16～25	套	0.12	2.040	2.040

2. 模块式信息插座

工作内容：固定线缆、校对线序、卡线、做屏蔽、安装固定面板及插座、做标记等。　　　计量单位：个

定额编号				A5-2-63	A5-2-64	A5-2-65
项目名称				模块式信息插座		
				单口	双口	四口
基价（元）				7.42	10.22	15.82
其中	人工费（元）			7.00	9.80	15.40
	材料费（元）			0.42	0.42	0.42
	机械费（元）			—	—	—
名称		单位	单价(元)	消耗量		
人工	综合工日	工日	140.00	0.050	0.070	0.110
材料	模块	个	—	(1.010)	(2.020)	(4.040)
	模块式信息面板插座	套	—	(1.010)	(1.010)	(1.010)
	镀锌螺栓 M4×25	套	0.12	2.040	2.040	2.040
	脱脂棉	kg	17.86	0.010	0.010	0.010

工作内容：固定线缆、校对线序、卡线、做屏蔽等。　　计量单位：个

定额编号				A5-2-66	A5-2-67
项目名称				模块打接	
				4芯	8芯
基价（元）				0.70	0.14
其中	人工费（元）			0.70	0.14
	材料费（元）			—	—
	机械费（元）			—	—
名称		单位	单价(元)	消耗量	
人工	综合工日	工日	140.00	0.005	0.001

3. 光纤信息插座

工作内容：编扎固定光纤、安装光纤连接器及面板、做标记等。　　计量单位：个

定额编号				A5-2-68	A5-2-69
项目名称				光纤信息插座	
				双口	四口
基价（元）				2.52	3.92
其中	人工费（元）			2.10	3.50
	材料费（元）			0.42	0.42
	机械费（元）			—	—
名称		单位	单价(元)	消耗量	
人工	综合工日	工日	140.00	0.015	0.025
材料	光纤信息插座	个	—	(1.010)	(1.010)
	镀锌螺栓 M4×25	套	0.12	2.000	2.000
	脱脂棉	kg	17.86	0.010	0.010

4. 多媒体插座

工作内容：固定线缆、校对线序、卡线、做屏蔽、安装固定面板及插座、做标记等。 计量单位：个

定额编号				A5-2-70	A5-2-71
项目名称				多媒体插座	
				双口	四口
基价（元）				3.93	5.33
其中	人工费（元）			3.50	4.90
	材料费（元）			0.43	0.43
	机械费（元）			—	—
名称		单位	单价(元)	消耗量	
人工	综合工日	工日	140.00	0.025	0.035
材料	多媒体插座	套	—	(1.010)	(1.010)
	镀锌螺栓 M4×25	套	0.12	2.080	2.080
	脱脂棉	kg	17.86	0.010	0.010

五、光纤连接、光缆接续及各类终端头安装

1. 光纤连接盘安装

工作内容：端面处理、线芯连接、测试、包封护套、盘绕、固定光纤等。　　计量单位：块

定额编号				A5-2-72
项目名称				光纤连接盘安装
基价（元）				40.60
其中	人工费（元）			40.60
	材料费（元）			—
	机械费（元）			—
名称		单位	单价(元)	消耗量
人工	综合工日	工日	140.00	0.290
材料	光纤连接盘	块	—	(1.010)

2. 光纤连接

工作内容：端面处理、线芯连接、测试、包封护套、盘绕、固定光纤等。　　计量单位：芯

定额编号				A5-2-73	A5-2-74	A5-2-75
项目名称				光纤连接		
				机械法	熔接法	磨制法(端口)
基价（元）				19.91	15.39	29.33
其中	人工费（元）			18.20	12.60	26.60
	材料费（元）			—	—	—
	机械费（元）			1.71	2.79	2.73
名称		单位	单价(元)	消耗量		
人工	综合工日	工日	140.00	0.130	0.090	0.190
材料	光纤连接器材	套	—	(1.010)	(1.010)	—
	磨制光纤连接器材	套	—	—	—	(1.010)
机械	光纤测试仪	台班	34.18	0.050	0.050	0.080
	光纤熔接机	台班	108.56	—	0.010	—

3. 光缆终端盒

工作内容：安装光缆终端盒、光纤熔接、测试衰减、光纤的盘留固定。 计量单位：个

定额编号				A5-2-76	A5-2-77	A5-2-78	A5-2-79
项目名称				光缆终端盒(芯以内)			
				12	36	72	96
基价（元）				**29.93**	**91.82**	**183.19**	**269.29**
其中	人工费（元）			28.00	84.00	168.00	252.00
	材料费（元）			1.51	1.51	1.51	1.51
	机械费（元）			0.42	6.31	13.68	15.78
名称		单位	单价(元)	消耗量			
人工	综合工日	工日	140.00	0.200	0.600	1.200	1.800
材料	光缆终端盒 20芯	个	—	(1.020)	—	—	—
	光缆终端盒 48芯	个	—	—	(1.020)	—	—
	光缆终端盒 72芯	个	—	—	—	(1.020)	—
	光缆终端盒 96芯	个	—	—	—	—	(1.020)
	镀锌精制六角头螺栓 M8×80～120mm	套	0.37	4.080	4.080	4.080	4.080
机械	手持光损耗测试仪	台班	5.26	0.080	1.200	2.600	3.000

4. 光缆接续

工作内容：检验器材、确定接头位置、熔接纤芯、接续加强芯、盘绕固定光纤、复测衰减、安装接头盒及托架等。

计量单位：头

定额编号				A5-2-80	A5-2-81	A5-2-82	A5-2-83
项目名称				光缆接续			
				12芯以下	36芯以下	72芯以下	96芯以下
基价（元）				256.76	664.71	1244.98	1631.82
其中	人工费（元）			151.20	453.60	907.20	1209.60
	材料费（元）			—	—	—	—
	机械费（元）			105.56	211.11	337.78	422.22
名称		单位	单价（元）	消耗量			
人工	综合工日	工日	140.00	1.080	3.240	6.480	8.640
材料	光缆接头盒	套	—	(1.010)	(1.010)	(1.010)	(1.010)
	接头盒保护套(埋式光缆接头用)	套	—	(1.010)	(1.010)	(1.010)	(1.010)
机械	光时域反射仪	台班	102.55	0.500	1.000	1.600	2.000
	光纤熔接机	台班	108.56	0.500	1.000	1.600	2.000

5. 光缆成端接头

工作内容：检验器材、熔接尾纤、复测衰减、固定活接头、固定光缆、封头制作、固定。

计量单位：套

定额编号				A5-2-84
项目名称				光缆成端接头
基价（元）				88.72
其中	人工费（元）			75.60
	材料费（元）			2.25
	机械费（元）			10.87
名称		单位	单价(元)	消耗量
人工	综合工日	工日	140.00	0.540
材料	位号牌	个	2.14	1.050
机械	光时域反射仪	台班	102.55	0.050
	光纤熔接机	台班	108.56	0.050
	手提式光纤多用表	台班	15.93	0.020

工作内容：检验器材、熔接尾纤、复测衰减、固定活接头、固定光缆、封头制作、固定。

计量单位：个

定额编号				A5-2-85
项目名称				光缆堵塞
基价（元）				74.17
其中	人工费（元）			54.60
	材料费（元）			19.25
	机械费（元）			0.32
名称		单位	单价(元)	消耗量
人工	综合工日	工日	140.00	0.390
材料	环氧树脂	kg	32.08	0.600
机械	手提式光纤多用表	台班	15.93	0.020

6. 水晶头制作、安装

工作内容：核对线序、固定线缆、压接等。　　　　计量单位：个

定额编号				A5-2-86	A5-2-87
项目名称				RJ11水晶头	RJ45水晶头
基价（元）				1.06	1.48
其中	人工费（元）			0.70	1.12
	材料费（元）			0.36	0.36
	机械费（元）			—	—
名称		单位	单价(元)	消耗量	
人工	综合工日	工日	140.00	0.005	0.008
材料	RJ11水晶头	个	—	(1.010)	—
	RJ45水晶头	个	—	—	(1.010)
	脱脂棉	kg	17.86	0.020	0.020

六、尾纤、线管理器、跳块安装

1. 布放尾纤

工作内容：光纤熔接、测试衰耗、固定光纤连接器、盘留固定。　　计量单位：根

	定额编号			A5-2-89	A5-2-90	A5-2-91
	项目名称			终端盒至光纤配线架	光纤配线架至设备	光纤配线架内跳线
	基价（元）			6.28	4.18	2.64
其中	人工费（元）			6.02	3.92	2.38
	材料费（元）			—	—	—
	机械费（元）			0.26	0.26	0.26
	名称	单位	单价（元）	消耗量		
人工	综合工日	工日	140.00	0.043	0.028	0.017
材料	尾纤（10m单头）	根	—	(1.020)	—	—
	尾纤（10m双头）	根	—	—	(1.020)	(1.020)
机械	手持光损耗测试仪	台班	5.26	0.050	0.050	0.050

2. 线管理器

工作内容：安装线管理器、核对线序、做标记等。　　　　计量单位：个

定额编号				A5-2-92
项目名称				线管理器安装
基价（元）				4.89
其中	人工费（元）			3.50
	材料费（元）			1.39
	机械费（元）			—
名称		单位	单价（元）	消耗量
人工	综合工日	工日	140.00	0.025
材料	镀锌螺栓 M5×25	套	0.34	4.100

3.跳块

工作内容：固定线缆、核对线序、卡线、卡接等。　　计量单位：个

定额编号				A5-2-93
项目名称				跳块打接
基价（元）				0.71
其中	人工费（元）			0.70
	材料费（元）			—
	机械费（元）			0.01
名称		单位	单价(元)	消耗量
人工	综合工日	工日	140.00	0.005
机械	打接工具	台班	0.68	0.010

七、双绞线缆、光纤测试

1. 双绞线缆测试

工作内容：按施工及验收规范的要求测试、记录、测试报告、整理资料等。　　　　计量单位：链路

定额编号				A5-2-94	A5-2-95
项目名称				双绞线缆测试	
				超五类	六类及以上
基价（元）				2.94	3.41
其中	人工费（元）			2.52	2.80
	材料费（元）			—	—
	机械费（元）			0.42	0.61
名称		单位	单价(元)	消耗量	
人工	综合工日	工日	140.00	0.018	0.020
机械	对讲机(一对)	台班	4.19	0.010	0.010
	线缆测试仪	台班	37.69	0.010	0.015

2. 光纤测试

工作内容：按施工及验收规范的要求测试、记录、测试报告、整理资料等。　　计量单位：链路

定额编号				A5-2-96
项目名称				光纤测试
基价（元）				2.44
其中	人工费（元）			2.10
	材料费（元）			—
	机械费（元）			0.34
名称		单位	单价(元)	消耗量
人工	综合工日	工日	140.00	0.015
机械	光纤测试仪	台班	34.18	0.010

第三章 建筑设备自动化系统工程

说　　明

一、本章包括楼宇自动控制系统，多表远传系统，家居智能化系统工程，适用于建筑设备自动化系统中设备安装、调试、试运行。

二、本章设备按成套购置考虑。

三、建筑设备监控系统试运行分夏季和冬季二次进行，时间各为1个月；多表远传系统、家居智能化系统试运行为1个月。

四、有关本系统中计算机网络设备、管理软件、楼宇对讲、安全防范设备等安装、调试参照其他章节的相应定额。

五、本章不包括各类线缆、光缆的敷设、测试，不包括设备的跳线的制作、安装。若发生，套用其他章节的相应定额。

六、本章不包括配管、桥架、线槽、软管、信息插座和底盒、机柜、配线箱等安装。若发生，套用其他章节的相应定额。

七、本章不包括设备安装中所需的设备支架、支座、构件、基础和手井（孔）等。若发生，套用其他章节的相应定额。

八、本章不包括电源、防雷接地等。若发生，套用其他章节的相应定额。

工程量计算规则

一、基表及控制设备、第三方设备通信接口安装、抄表采集系统安装与调试，以“个”计算。

二、中心管理系统调试、控制网络通信设备安装、控制器安装、流量计安装与调试，以“台”计算。

三、楼宇自控中央管理系统调试、试运行，以“系统”计算。

四、温（湿）度传感器、压力传感器、电量变送器和其他传感器及变送器，以“支”计算。

五、阀门及电动执行机构安装、调试，以“个”计算。

六、家居智能化系统设备安装以“台”计算。

七、家居智能化系统以户数作为系统规模划分，系统试运行、测试以“系统”计算。

一、楼宇自控系统

1. 通讯网络控制设备安装、调试

工作内容：开箱检验、现场就位、固定安装、连接、软件功能检测、调试、设备绝缘测试及外壳接地接口检查等。

计量单位：个

定额编号				A5-3-1
项目名称				终端电阻
基价（元）				1.57
其中	人工费（元）			1.40
	材料费（元）			—
	机械费（元）			0.17
名称		单位	单价(元)	消耗量
人工	综合工日	工日	140.00	0.010
机械	兆欧表	台班	5.76	0.030

工作内容：开箱检验、现场就位、固定安装、连接、软件功能检测、调试、设备绝缘测试及外壳接地接口检查等。

计量单位：台

定额编号				A5-3-2	A5-3-3	A5-3-4
项目名称				干线连接器	干线隔离扩充器	控制网中继器
基价（元）				63.00	79.25	78.38
其中	人工费（元）			63.00	77.00	70.00
	材料费（元）			—	1.96	8.38
	机械费（元）			—	0.29	—
名称		单位	单价（元）	消耗量		
人工	综合工日	工日	140.00	0.450	0.550	0.500
材料	镀锌六角螺栓带帽 M8×30	套	0.37	—	—	1.020
	膨胀螺栓 M10	套	0.25	—	4.080	—
	其他材料费	元	1.00	—	0.940	8.000
机械	兆欧表	台班	5.76	—	0.050	—

工作内容：开箱检验、现场就位、固定安装、连接、软件功能检测、调试、设备绝缘测试及外壳接地接口检查等。

计量单位：台

定额编号				A5-3-5	A5-3-6	A5-3-7
项目名称				通讯接口机	计算机通讯接口卡	调制解调器接口卡
基价（元）				61.36	19.36	19.36
其中	人工费（元）			56.00	14.00	14.00
	材料费（元）			5.36	5.36	5.36
	机械费（元）			—	—	—
名称		单位	单价(元)	消耗量		
人工	综合工日	工日	140.00	0.400	0.100	0.100
材料	脱脂棉	kg	17.86	0.020	0.020	0.020
	其他材料费	元	1.00	5.000	5.000	5.000

工作内容：开箱检验、现场就位、固定安装、连接、软件功能检测、调试、设备绝缘测试及外壳接地接口检查等。

计量单位：台

定额编号				A5-3-8	A5-3-9
项目名称				控制网	
				分支器	适配器
基价（元）				19.36	61.36
其中	人工费（元）			14.00	56.00
	材料费（元）			5.36	5.36
	机械费（元）			—	—
名称		单位	单价(元)	消耗量	
人工	综合工日	工日	140.00	0.100	0.400
材料	脱脂棉	kg	17.86	0.020	0.020
	其他材料费	元	1.00	5.000	5.000

2. 控制器(DDC)安装、联调

工作内容：开箱检验、选点就位、安装固定、接线等。　　　　计量单位：台

定额编号				A5-3-10	A5-3-11	A5-3-12
项目名称				控制器(DDC)安装		
				24点以下	40点以下	60点以下
基价（元）				**115.48**	**216.42**	**259.25**
其中	人工费（元）			112.00	210.00	252.00
	材料费（元）			0.55	0.55	0.55
	机械费（元）			2.93	5.87	6.70
名称		单位	单价(元)	消耗量		
人工	综合工日	工日	140.00	0.800	1.500	1.800
材料	自攻螺丝 M6×30	个	0.09	6.120	6.120	6.120
机械	对讲机(一对)	台班	4.19	0.700	1.400	1.600

工作内容：开箱检验、选点就位、安装固定、接线等。　　计量单位：台

定额编号				A5-3-13	A5-3-14
项目名称				扩展模块	
				≤12点	≤24点
基价（元）				74.81	120.40
其中	人工费（元）			70.00	112.00
	材料费（元）			0.37	0.37
	机械费（元）			4.44	8.03
名称		单位	单价(元)	消耗量	
人工	综合工日	工日	140.00	0.500	0.800
材料	自攻螺丝 M6×30	个	0.09	4.080	4.080
机械	对讲机(一对)	台班	4.19	0.600	1.000
	示波器	台班	9.61	0.200	0.400

工作内容：安装、功能检测、调整、调试等。

计量单位：台

定额编号				A5-3-15	A5-3-16	A5-3-17
项目名称				控制器(DDC)功能检测、联调		
				24点以下	40点以下	60点以下
基价（元）				448.02	664.98	952.46
其中	人工费（元）			420.00	630.00	910.00
	材料费（元）			0.88	1.05	1.75
	机械费（元）			27.14	33.93	40.71
名称		单位	单价(元)	消耗量		
人工	综合工日	工日	140.00	3.000	4.500	6.500
材料	打印纸 A4	包	17.50	0.050	0.060	0.100
机械	笔记本电脑	台班	9.38	2.000	2.500	3.000
	对讲机(一对)	台班	4.19	2.000	2.500	3.000

3. 其他控制器安装、检测

工作内容：开箱检验、划线定位、安装、接线、接电测试等。　　　　计量单位：台

定额编号				A5-3-18	A5-3-19	A5-3-20	A5-3-21
项目名称				独立	压差	温度	变风量
				控制器			
基价（元）				89.27	67.89	50.00	49.30
其中	人工费（元）			84.00	63.00	44.80	44.80
	材料费（元）			2.58	2.58	2.58	2.58
	机械费（元）			2.69	2.31	2.62	1.92
名称		单位	单价(元)	消耗量			
人工	综合工日	工日	140.00	0.600	0.450	0.320	0.320
材料	镀锌六角螺栓带帽 M8×30	套	0.37	4.100	4.100	4.100	4.100
	棉纱头	kg	6.00	0.020	0.020	0.020	0.020
	其他材料费	元	1.00	0.940	0.940	0.940	0.940
机械	示波器	台班	9.61	0.280	0.240	0.200	0.200
	数字温度计	台班	6.96	—	—	0.100	—

工作内容：开箱检验、划线定位、安装、接线、接电测试等。

计量单位：台

定额编号				A5-3-22	A5-3-23	A5-3-24	A5-3-25
项目名称				气动 输出模块	风机盘管 温控器	房间 空气压力 控制器 (电子输出)	手操器
基价（元）				26.34	43.84	71.14	15.14
其中	人工费（元）			25.20	42.00	70.00	14.00
	材料费（元）			1.14	1.14	1.14	1.14
	机械费（元）			—	0.70	—	—
名称		单位	单价(元)	消耗量			
人工	综合工日	工日	140.00	0.180	0.300	0.500	0.100
材料	棉纱头	kg	6.00	0.020	0.020	0.020	0.020
	木螺钉 M4×40以下	10个	0.20	0.410	0.410	0.410	0.410
	其他材料费	元	1.00	0.940	0.940	0.940	0.940
机械	数字温度计	台班	6.96	—	0.100	—	—

4. 第三方设备通讯接口安装、测试

工作内容：开箱检验、安装固定、接线通电调试等。　　　　计量单位：个

定额编号				A5-3-26	A5-3-27	A5-3-28	A5-3-29
项目名称				通讯接口			
				20点以下	50点以下	80点以下	转换器
基价（元）				543.19	828.68	1126.75	21.92
其中	人工费（元）			504.00	756.00	1008.00	16.80
	材料费（元）			6.82	15.46	21.22	5.12
	机械费（元）			32.37	57.22	97.53	—
名称		单位	单价（元）	消耗量			
人工	综合工日	工日	140.00	3.600	5.400	7.200	0.120
材料	标签纸 50页/本	本	7.20	0.800	2.000	2.800	—
	棉纱头	kg	6.00	0.020	0.020	0.020	0.020
	其他材料费	元	1.00	0.940	0.940	0.940	5.000
机械	笔记本电脑	台班	9.38	1.500	2.000	4.000	—
	对讲机(一对)	台班	4.19	1.500	2.000	4.000	—
	示波器	台班	9.61	1.250	3.130	4.500	—

注：第三方设备指电梯、冷水机组、柴油发电机组、智能配电设备等。

工作内容：开箱、检验、固定安装、接线、单体调试、联网调试。　　计量单位：个

定额编号				A5-3-30	A5-3-31
项目名称				门禁系统接口	屏蔽门接口
基价（元）				866.42	586.51
其中	人工费（元）			840.00	560.00
	材料费（元）			6.06	4.56
	机械费（元）			20.36	21.95
名称		单位	单价(元)	消耗量	
人工	综合工日	工日	140.00	6.000	4.000
材料	标签纸 50页/本	本	7.20	0.800	0.600
	棉纱头	kg	6.00	0.050	0.040
机械	笔记本电脑	台班	9.38	1.500	1.000
	对讲机(一对)	台班	4.19	1.500	3.000

工作内容：开箱、检测、接线、整理、测试等。 计量单位：个

定额编号				A5-3-32	A5-3-33	A5-3-34	A5-3-35
项目名称				受控设备控制柜内接点接线			
				5个点以下	10个点以下	20个点以下	35个点以下
基价（元）				**29.91**	**59.33**	**110.95**	**206.40**
其中	人工费（元）			28.00	56.00	105.00	196.00
	材料费（元）			0.50	0.50	0.50	0.50
	机械费（元）			1.41	2.83	5.45	9.90
名称		单位	单价(元)	消耗量			
人工	综合工日	工日	140.00	0.200	0.400	0.750	1.400
材料	棉纱头	kg	6.00	0.020	0.020	0.020	0.020
	其他材料费	元	1.00	0.380	0.380	0.380	0.380
机械	对讲机(一对)	台班	4.19	0.200	0.400	0.750	1.400
	兆欧表	台班	5.76	0.100	0.200	0.400	0.700

工作内容：开箱、检测、接线、整理、测试等。

计量单位：个

定额编号				A5-3-36
项目名称				变压器温度接线
基价（元）				7.99
其中	人工费（元）			7.00
	材料费（元）			0.87
	机械费（元）			0.12
	名称	单位	单价（元）	消耗量
人工	综合工日	工日	140.00	0.050
材料	棉纱头	kg	6.00	0.020
	自攻螺丝 M6×30	个	0.09	4.080
	其他材料费	元	1.00	0.380
机械	兆欧表	台班	5.76	0.020

5. 传感器、变送器安装、测试

(1) 温、湿度传感器

工作内容：开箱检验、选点、开孔、焊接、设备安装、接线、调整、测试等。　　　　计量单位：支

定额编号				A5-3-37	A5-3-38	A5-3-39
项目名称				风管式		
				温度传感器	湿度传感器	温、湿度传感器
基价（元）				31.32	33.97	41.64
其中	人工费（元）			28.00	28.00	35.00
	材料费（元）			2.90	4.17	4.28
	机械费（元）			0.42	1.80	2.36
名称		单位	单价（元）	消耗量		
人工	综合工日	工日	140.00	0.200	0.200	0.250
材料	U型镀锌固定条 ≤φ32	个	1.37	2.000	2.000	3.000
	冲击钻头 φ12	个	6.75	—	0.040	—
	聚四氟乙烯生料带	m	0.13	0.250	0.250	0.350
	铝铆钉	个	0.04	0.080	0.080	0.100
	棉纱头	kg	6.00	0.020	0.020	0.020
	膨胀螺栓 M10	套	0.25	—	4.000	—
机械	湿度计(西尔)	台班	30.05	—	0.060	0.060
	数字温度计	台班	6.96	0.060	—	0.080

工作内容：开箱检验、选点、开孔、焊接、设备安装、接线、调整、测试等。　　　　计量单位：支

定额编号				A5-3-40	A5-3-41	A5-3-42
项目名称				室内壁挂式		
				温度传感器	湿度传感器	温、湿度传感器
基价（元）				26.74	28.30	27.43
其中	人工费（元）			25.20	25.20	25.20
	材料费（元）			1.12	1.30	1.12
	机械费（元）			0.42	1.80	1.11
名称		单位	单价(元)	消耗量		
人工	综合工日	工日	140.00	0.180	0.180	0.180
材料	冲击钻头 φ8	个	5.38	0.040	0.040	0.040
	棉纱头	kg	6.00	0.020	0.050	0.020
	木螺钉 M4×40以下	10个	0.20	0.410	0.410	0.410
	尼龙胀管 φ6～8	个	0.17	4.120	4.120	4.120
机械	湿度计(西尔)	台班	30.05	—	0.060	0.030
	数字温度计	台班	6.96	0.060	—	0.030

工作内容：开箱检验、选点、开孔、焊接、设备安装、接线、调整、测试等。　　计量单位：支

定额编号				A5-3-43	A5-3-44	A5-3-45
项目名称				室外壁挂式		
				温度传感器	湿度传感器	温、湿度传感器
基价（元）				74.20	75.40	75.03
其中	人工费（元）			72.80	72.80	72.80
	材料费（元）			1.12	1.12	1.12
	机械费（元）			0.28	1.48	1.11
名称		单位	单价(元)	消耗量		
人工	综合工日	工日	140.00	0.520	0.520	0.520
材料	冲击钻头 Φ8	个	5.38	0.040	0.040	0.040
	棉纱头	kg	6.00	0.020	0.020	0.020
	木螺钉 M4×40以下	10个	0.20	0.410	0.410	0.410
	尼龙胀管 Φ6～8	个	0.17	4.120	4.120	4.120
机械	湿度计(西尔)	台班	30.05	—	0.040	0.030
	数字温度计	台班	6.96	0.040	0.040	0.030

工作内容：开箱检验、选点、开孔、焊接、设备安装、接线、调整、测试等。　　　　计量单位：支

定　额　编　号				A5-3-46
项　目　名　称				浸入式 温度传感器
基　　价（元）				85.07
其中	人　工　费（元）			78.40
	材　料　费（元）			6.39
	机　械　费（元）			0.28
名　　称		单位	单价(元)	消　　耗　　量
人工	综合工日	工日	140.00	0.560
材料	镀锌活接头 DN20	个	3.85	1.010
	棉纱头	kg	6.00	0.020
	氧气	m³	3.63	0.340
	乙炔气	kg	10.45	0.110
机械	数字温度计	台班	6.96	0.040

(2)压力传感器

工作内容：开箱检验、开孔、安装、接线、调整、测试等。　　计量单位：支

定额编号				A5-3-47	A5-3-48
项目名称				水道	
				压力传感器	压差传感器
基价（元）				42.35	78.44
其中	人工费（元）			35.00	67.20
	材料费（元）			6.39	10.28
	机械费（元）			0.96	0.96
名称		单位	单价(元)	消耗量	
人工	综合工日	工日	140.00	0.250	0.480
材料	镀锌活接头 DN20	个	3.85	1.010	2.020
	棉纱头	kg	6.00	0.020	0.020
	氧气	m³	3.63	0.340	0.340
	乙炔气	kg	10.45	0.110	0.110
机械	数字精密压力表 YBS-B1	台班	16.02	0.060	0.060

工作内容：开箱检验、开孔、安装、接线、调整、测试等。　　　　计量单位：支

定额编号				A5-3-49	A5-3-50
项目名称				液体流量	空气压差
				开关	
基价（元）				34.58	46.29
其中	人工费（元）			28.00	42.00
	材料费（元）			6.58	2.69
	机械费（元）			—	1.60
名称		单位	单价(元)	消耗量	
人工	综合工日	工日	140.00	0.200	0.300
材料	镀锌活接头 DN20	个	3.85	1.010	—
	棉纱头	kg	6.00	0.020	0.020
	氧气	㮔	3.63	0.340	0.340
	乙炔气	kg	10.45	0.110	0.110
	自攻螺丝 M6×30	个	0.09	2.040	2.040
机械	数字精密压力表 YBS-B1	台班	16.02	—	0.100

(3)静压、压差、电量变送器

工作内容：开箱检验、开孔、安装、接线、调整、测试等。　　　　计量单位：支

定额编号				A5-3-51	A5-3-52
项目名称				静压、压差	风管式静压
				变送器	
基价（元）				39.29	43.49
其中	人工费（元）			35.00	39.20
	材料费（元）			2.69	2.69
	机械费（元）			1.60	1.60
名称		单位	单价(元)	消耗量	
人工	综合工日	工日	140.00	0.250	0.280
材料	棉纱头	kg	6.00	0.020	0.020
	氧气	㎥	3.63	0.340	0.340
	乙炔气	kg	10.45	0.110	0.110
	自攻螺丝`M6×30	个	0.09	2.040	2.040
机械	数字精密压力表 YBS-B1	台班	16.02	0.100	0.100

工作内容：开箱检验、安装固定、接线、调整、通电调试等。　　计量单位：支

定　额　编　号				A5-3-53	A5-3-54	A5-3-55
项　目　名　称				变送器		
				电流	电压	有功、无功
基　　价（元）				**95.62**	**84.42**	**71.82**
其中	人　工　费（元）			95.20	84.00	71.40
	材　料　费（元）			0.42	0.42	0.42
	机　械　费（元）			—	—	—
名　　称		**单位**	**单价(元)**	**消　　耗　　量**		
人工	综合工日	工日	140.00	0.680	0.600	0.510
材料	棉纱头	kg	6.00	0.020	0.020	0.020
	线号套管(综合) φ3.5mm	只	0.12	1.010	1.010	1.010
	自攻螺丝 M6×30	个	0.09	2.040	2.040	2.040

工作内容：开箱检验、安装固定、接线、调整、通电调试等。 计量单位：支

定额编号				A5-3-56	A5-3-57	A5-3-58
项目名称				变送器		
				功率因数	相位角	有功电度
基价（元）				67.62	67.62	67.62
其中	人工费（元）			67.20	67.20	67.20
	材料费（元）			0.42	0.42	0.42
	机械费（元）			—	—	—
名称		单位	单价(元)	消耗量		
人工	综合工日	工日	140.00	0.480	0.480	0.480
材料	棉纱头	kg	6.00	0.020	0.020	0.020
	线号套管(综合) φ3.5mm	只	0.12	1.010	1.010	1.010
	自攻螺丝 M6×30	个	0.09	2.040	2.040	2.040

工作内容：开箱检验、安装固定、接线、调整、通电调试等。　　计量单位：支

定额编号				A5-3-59	A5-3-60	A5-3-61
项目名称				变送器		
				无功电度	频率	电压/频率
基价（元）				67.62	67.62	71.82
其中	人工费（元）			67.20	67.20	71.40
	材料费（元）			0.42	0.42	0.42
	机械费（元）			—	—	—
名称		单位	单价(元)	消耗量		
人工	综合工日	工日	140.00	0.480	0.480	0.510
材料	棉纱头	kg	6.00	0.020	0.020	0.020
	线号套管(综合) φ3.5mm	只	0.12	1.010	1.010	1.010
	自攻螺丝 M6×30	个	0.09	2.040	2.040	2.040

(4)其他传感器和变送器

工作内容：开箱检验、划线、开孔、安装固定、接线、调整、密封、测试等。　　　　计量单位：支

定额编号				A5-3-62	A5-3-63	A5-3-64
项目名称				风道式	室内壁挂式	烟感
				空气质量传感器		风道式探测器
基价（元）				53.73	22.12	53.73
其中	人工费（元）			53.20	21.00	53.20
	材料费（元）			0.53	1.12	0.53
	机械费（元）			—	—	—
名称		单位	单价(元)	消耗量		
人工	综合工日	工日	140.00	0.380	0.150	0.380
材料	冲击钻头 φ8	个	5.38	—	0.040	—
	铝铆钉	个	0.04	8.320	—	8.320
	棉纱头	kg	6.00	0.020	0.020	0.020
	木螺钉 M4×40以下	10个	0.20	0.410	0.410	0.410
	尼龙胀管 φ6～8	个	0.17	—	4.120	—

工作内容：开箱检验、划线、开孔、安装固定、接线、调整、密封、测试等。　　计量单位：支

定额编号					A5-3-65	A5-3-66
项目名称					气体	室内壁挂式
					风道式探测器	气体传感器
基价（元）					53.73	18.10
其中	人工费（元）				53.20	16.80
	材料费（元）				0.53	1.30
	机械费（元）				—	—
名称			单位	单价(元)	消耗量	
人工	综合工日		工日	140.00	0.380	0.120
材料	冲击钻头 Φ8		个	5.38	—	0.040
	铝铆钉		个	0.04	8.320	—
	棉纱头		kg	6.00	0.020	0.050
	木螺钉 M4×40以下		10个	0.20	0.410	0.410
	尼龙胀管 Φ6～8		个	0.17	—	4.120

工作内容：开箱检验、划线、开孔、安装固定、接线、调整、密封、测试等。　　计量单位：支

定额编号				A5-3-67	A5-3-68	A5-3-69
项目名称				防霜冻开关	风速传感器	液位开关
基价（元）				**19.32**	**19.32**	**36.62**
其中	人工费（元）			18.20	18.20	35.00
	材料费（元）			1.12	1.12	1.62
	机械费（元）			—	—	—
名称		**单位**	**单价(元)**	**消耗量**		
人工	综合工日	工日	140.00	0.130	0.130	0.250
材料	冲击钻头 φ8	个	5.38	0.040	0.040	0.060
	棉纱头	kg	6.00	0.020	0.020	0.020
	木螺钉 M4×40以下	10个	0.20	0.410	0.410	0.610
	尼龙胀管 φ6～8	个	0.17	4.120	4.120	6.180

工作内容：开箱检验、划线、开孔、安装固定、接线、调整、密封、测试等。　　计量单位：支

定额编号					A5-3-70	A5-3-71	A5-3-72
项目名称					静压液位变送器		
					普通型	本安型	隔爆型
基价（元）					58.70	69.90	86.70
其中	人工费（元）				56.00	67.20	84.00
	材料费（元）				2.70	2.70	2.70
	机械费（元）				—	—	—
名称		单位	单价(元)		消耗量		
人工	综合工日	工日	140.00		0.400	0.480	0.600
材料	冲击钻头 Φ12	个	6.75		0.080	0.080	0.080
	棉纱头	kg	6.00		0.020	0.020	0.020
	膨胀螺栓 M10	套	0.25		8.160	8.160	8.160

工作内容：开箱检验、划线、开孔、安装固定、接线、调整、密封、测试等。 计量单位：支

定额编号				A5-3-73	A5-3-74	A5-3-75
项目名称				液位计		
				普通型	本安型	隔爆型
基价（元）				58.70	69.90	86.70
其中	人工费（元）			56.00	67.20	84.00
	材料费（元）			2.70	2.70	2.70
	机械费（元）			—	—	—
名称		单位	单价(元)	消耗量		
人工	综合工日	工日	140.00	0.400	0.480	0.600
材料	冲击钻头 φ12	个	6.75	0.080	0.080	0.080
	棉纱头	kg	6.00	0.020	0.020	0.020
	膨胀螺栓 M10	套	0.25	8.160	8.160	8.160

工作内容：开箱检验、划线、开孔、安装固定、接线、调整、密封、测试等。 计量单位：台

定额编号				A5-3-76	A5-3-77	A5-3-78
项目名称				液量计		
				电磁	涡流	超声波
基价（元）				59.89	66.89	87.89
其中	人工费（元）			56.00	63.00	84.00
	材料费（元）			0.17	0.17	0.17
	机械费（元）			3.72	3.72	3.72
名称		单位	单价(元)	消耗量		
人工	综合工日	工日	140.00	0.400	0.450	0.600
材料	聚四氟乙烯生料带	m	0.13	0.400	0.400	0.400
	棉纱头	kg	6.00	0.020	0.020	0.020
机械	超声波流量计 AJ854	台班	7.44	0.500	0.500	0.500

工作内容：开箱检验、划线、开孔、安装固定、接线、调整、密封、测试等。　　计量单位：台

定　额　编　号				A5-3-79	A5-3-80
项　目　名　称				液量计	
				弯管	转子
基　　价（元）				115.89	129.89
其中	人　工　费（元）			112.00	126.00
	材　料　费（元）			0.17	0.17
	机　械　费（元）			3.72	3.72
名　　称		单位	单价(元)	消　耗　量	
人工	综合工日	工日	140.00	0.800	0.900
材料	聚四氟乙烯生料带	m	0.13	0.400	0.400
	棉纱头	kg	6.00	0.020	0.020
机械	超声波流量计 AJ854	台班	7.44	0.500	0.500

工作内容：开箱检验、划线、开孔、安装固定、接线、调整、密封、测试等。　　计量单位：支

定额编号				A5-3-81
项目名称				光照度传感器
基价（元）				71.22
其中	人工费（元）			67.20
	材料费（元）			0.30
	机械费（元）			3.72
名称		单位	单价（元）	消耗量
人工	综合工日	工日	140.00	0.480
材料	棉纱头	kg	6.00	0.020
	自攻螺丝 M6×30	个	0.09	2.040
机械	超声波流量计 AJ854	台班	7.44	0.500

6.电动调节阀、电磁阀及执行机构安装、测试

工作内容：开箱检验、划线、开孔、安装固定、接线、调整、密封、测试等。　　计量单位：个

定额编号				A5-3-82
项目名称				电动风阀执行机构
基价（元）				211.28
其中	人工费（元）			133.00
	材料费（元）			74.18
	机械费（元）			4.10
名称		单位	单价(元)	消耗量
人工	综合工日	工日	140.00	0.950
材料	棉纱头	kg	6.00	0.010
	双头带帽螺栓 M20×65	套	4.50	16.320
	其他材料费	元	1.00	0.680
机械	对讲机(一对)	台班	4.19	0.800
	兆欧表	台班	5.76	0.130

工作内容：开箱检验、制垫、安装、试压、接线、通电测试等。 计量单位：个

定额编号				A5-3-83	A5-3-84	A5-3-85
项目名称				电动二通调节阀及执行机构		
				公称直径(mm以下)		
				50	100	200
基价（元）				270.60	444.50	647.29
其中	人工费（元）			116.20	263.20	368.20
	材料费（元）			126.28	136.32	228.35
	机械费（元）			28.12	44.98	50.74
名称		单位	单价(元)	消耗量		
人工	综合工日	工日	140.00	0.830	1.880	2.630
材料	电焊条	kg	5.98	0.700	1.200	1.500
	棉纱头	kg	6.00	0.020	0.030	0.050
	石棉橡胶板	kg	9.40	0.210	0.420	0.806
	双头带帽螺栓 M20×65	套	4.50	8.160	12.240	12.240
	碳钢法兰 DN100	片	34.63	—	2.000	—
	碳钢法兰 DN200	片	77.87	—	—	2.000
	碳钢法兰 DN50	片	41.30	2.000	—	—
	其他材料费	元	1.00	0.680	0.680	0.680
机械	电焊机(综合)	台班	118.28	0.200	0.300	0.300
	对讲机(一对)	台班	4.19	0.750	1.400	2.500
	兆欧表	台班	5.76	0.230	0.630	0.830

工作内容：开箱检验、制垫、安装、试压、接线、通电测试等。　　　　计量单位：个

定额编号				A5-3-86	A5-3-87	A5-3-88
项目名称				电动三通调节阀及执行机构		
				公称直径(mm以下)		
				50	100	200
基价（元）				**379.14**	**602.29**	**897.45**
其中	人工费（元）			154.00	350.00	490.00
	材料费（元）			188.97	203.96	341.95
	机械费（元）			36.17	48.33	65.50
名称		**单位**	**单价(元)**	**消耗量**		
人工	综合工日	工日	140.00	1.100	2.500	3.500
材料	电焊条	kg	5.98	1.050	1.800	2.250
	棉纱头	kg	6.00	0.020	0.030	0.050
	石棉橡胶板	kg	9.40	0.310	0.620	1.200
	双头带帽螺栓 M20×65	套	4.50	12.240	18.360	18.360
	碳钢法兰 DN100	片	34.63	—	3.000	—
	碳钢法兰 DN200	片	77.87	—	—	3.000
	碳钢法兰 DN50	片	41.30	3.000	—	—
	其他材料费	元	1.00	0.680	0.680	0.680
机械	电焊机(综合)	台班	118.28	0.200	0.300	0.400
	对讲机(一对)	台班	4.19	1.200	2.200	3.200
	兆欧表	台班	5.76	1.300	0.630	0.830

工作内容：开箱检验、制垫、安装、试压、接线、通电测试等。　　计量单位：个

定额编号				A5-3-89	A5-3-90	A5-3-91
项目名称				电动蝶阀及执行机构		
				公称直径(mm以下)		
				100	250	400
基价（元）				458.10	952.25	1280.20
其中	人工费（元）			336.00	630.00	812.00
	材料费（元）			111.79	303.56	444.14
	机械费（元）			10.31	18.69	24.06
名称		单位	单价(元)	消耗量		
人工	综合工日	工日	140.00	2.400	4.500	5.800
材料	电焊条	kg	5.98	0.450	0.600	0.750
	棉纱头	kg	6.00	0.030	0.060	0.090
	石棉橡胶板	kg	9.40	0.240	0.420	0.640
	双头带帽螺栓 M20×65	套	4.50	8.160	16.320	16.320
	碳钢法兰 DN100	片	34.63	2.000	—	—
	碳钢法兰 DN250	片	110.77	—	2.000	—
	碳钢法兰 DN400	片	179.49	—	—	2.000
	其他材料费	元	1.00	0.680	0.680	0.680
机械	电焊机(综合)	台班	118.28	0.010	0.010	0.020
	对讲机(一对)	台班	4.19	2.000	4.000	5.000
	兆欧表	台班	5.76	0.130	0.130	0.130

工作内容：开箱检验、制垫、安装、试压、接线、通电测试等。　　计量单位：个

定额编号				A5-3-92	A5-3-93
项目名称				二通电动阀	
				公称直径(mm以下)	
				20	25
基价（元）				37.16	43.20
其中	人工费（元）			32.20	37.80
	材料费（元）			4.84	5.28
	机械费（元）			0.12	0.12
名称		单位	单价(元)	消耗量	
人工	综合工日	工日	140.00	0.230	0.270
材料	镀锌活接头 DN20	个	3.85	1.000	—
	镀锌活接头 DN25	个	4.27	—	1.000
	聚四氟乙烯生料带	m	0.13	0.100	0.200
	棉纱头	kg	6.00	0.050	0.050
	其他材料费	元	1.00	0.680	0.680
机械	兆欧表	台班	5.76	0.020	0.020

7. 自动化控制系统调试

工作内容：检查设备外观和安装状况、地址、状态、图形的确认、排错、动作试验、编程、组态校对、应用功能调试、填写调试报告等。

计量单位：系统

定额编号				A5-3-94	A5-3-95
项目名称				自控系统调试(只监不控)	
				128个点以下	256个点以下
基价（元）				2271.12	2846.44
其中	人工费（元）			2240.00	2800.00
	材料费（元）			3.98	5.73
	机械费（元）			27.14	40.71
名称		单位	单价(元)	消耗量	
人工	综合工日	工日	140.00	16.000	20.000
材料	打印纸 A4	包	17.50	0.200	0.300
	其他材料费	元	1.00	0.480	0.480
机械	笔记本电脑	台班	9.38	2.000	3.000
	对讲机(一对)	台班	4.19	2.000	3.000

工作内容：检查设备外观和安装状况、地址、状态、图形的确认、排错、动作试验、编程、组态校对、应用功能调试、填写调试报告等。

计量单位：系统

定额编号				A5-3-96	A5-3-97
项目名称				自控系统调试(只监不控)	
				512个点以下	1024个点以下
基价（元）				3140.89	3715.33
其中	人工费（元）			3080.00	3640.00
	材料费（元）			6.61	7.48
	机械费（元）			54.28	67.85
名称		单位	单价(元)	消耗量	
人工	综合工日	工日	140.00	22.000	26.000
材料	打印纸 A4	包	17.50	0.350	0.400
	其他材料费	元	1.00	0.480	0.480
机械	笔记本电脑	台班	9.38	4.000	5.000
	对讲机(一对)	台班	4.19	4.000	5.000

工作内容：检查设备外观和安装状况、地址、状态、图形的确认、排错、动作试验、编程、组态校对、应用功能调试、填写调试报告等。

计量单位：系统

定额编号				A5-3-98
项目名称				自控系统调试(只监不控) 每增加64个点
基价（元）				572.04
其中	人工费（元）			560.00
	材料费（元）			1.18
	机械费（元）			10.86
名称		单位	单价(元)	消耗量
人工	综合工日	工日	140.00	4.000
材料	打印纸 A4	包	17.50	0.040
	其他材料费	元	1.00	0.480
机械	笔记本电脑	台班	9.38	0.800
	对讲机(一对)	台班	4.19	0.800

工作内容：检查设备外观和安装状况、地址、状态、图形的确认、排错、动作试验、编程、组态校对、应用功能调试、填写调试报告等。

计量单位：系统

定额编号				A5-3-99	A5-3-100
项目名称				自控系统调试(又监又控)	
				128个点以下	256个点以下
基价(元)				4666.44	5660.89
其中	人工费(元)			4620.00	5600.00
	材料费(元)			5.73	6.61
	机械费(元)			40.71	54.28
名称		单位	单价(元)	消耗量	
人工	综合工日	工日	140.00	33.000	40.000
材料	打印纸 A4	包	17.50	0.300	0.350
	其他材料费	元	1.00	0.480	0.480
机械	笔记本电脑	台班	9.38	3.000	4.000
	对讲机(一对)	台班	4.19	3.000	4.000

工作内容：检查设备外观和安装状况、地址、状态、图形的确认、排错、动作试验、编程、组态校对、应用功能调试、填写调试报告等。

计量单位：系统

定额编号				A5-3-101	A5-3-102
项目名称				自控系统调试(又监又控)	
				512个点以下	1024个点以下
基价（元）				6235.33	7510.65
其中	人工费（元）			6160.00	7420.00
	材料费（元）			7.48	9.23
	机械费（元）			67.85	81.42
名称		单位	单价(元)	消耗量	
人工	综合工日	工日	140.00	44.000	53.000
材料	打印纸 A4	包	17.50	0.400	0.500
	其他材料费	元	1.00	0.480	0.480
机械	笔记本电脑	台班	9.38	5.000	6.000
	对讲机(一对)	台班	4.19	5.000	6.000

工作内容：检查设备外观和安装状况、地址、状态、图形的确认、排错、动作试验、编程、组态校对、应用功能调试、填写调试报告等。

计量单位：系统

定额编号				A5-3-103
项目名称				自控系统调试(又监又控) 每增加64个点
基价（元）				1274.93
其中	人工费（元）			1260.00
	材料费（元）			1.36
	机械费（元）			13.57
名称		单位	单价(元)	消耗量
人工	综合工日	工日	140.00	9.000
材料	打印纸 A4	包	17.50	0.050
	其他材料费	元	1.00	0.480
机械	笔记本电脑	台班	9.38	1.000
	对讲机(一对)	台班	4.19	1.000

8. 自动化控制系统试运行

工作内容：按规范要求，测试各项技术指标在运行中的稳定性、可靠性，并根据需求进行调整等，提供运行报告等，分冬、夏两季进行。

计量单位：系统

定额编号				A5-3-104
项目名称				系统试运行
基价（元）				8816.69
其中	人工费（元）			8400.00
	材料费（元）			9.59
	机械费（元）			407.10
名称		单位	单价(元)	消耗量
人工	综合工日	工日	140.00	60.000
材料	打印纸 A4	包	17.50	0.500
	脱脂棉	kg	17.86	0.020
	其他材料费	元	1.00	0.480
机械	笔记本电脑	台班	9.38	30.000
	对讲机(一对)	台班	4.19	30.000

二、多表远传系统

1. 基表及控制设备安装

工作内容：开箱检验、定位、切管、套丝、加垫、安装、接线、测试等。　　计量单位：个

定额编号				A5-3-105	A5-3-106	A5-3-107	A5-3-108
项目名称				远传基表			
				冷/热水表	脉冲电表	煤气表	冷/热量表
基价（元）				43.30	29.10	50.49	43.49
其中	人工费（元）			42.00	28.00	49.00	42.00
	材料费（元）			1.30	1.10	1.49	1.49
	机械费（元）			—	—	—	—
名称		单位	单价(元)	消耗量			
人工	综合工日	工日	140.00	0.300	0.200	0.350	0.300
材料	聚四氟乙烯生料带	m	0.13	1.500	—	3.000	3.000
	棉纱头	kg	6.00	0.020	0.020	0.020	0.020
	其他材料费	元	1.00	0.980	0.980	0.980	0.980

工作内容：开箱检验、定位、切管、套丝、加垫、安装、接线、测试等。　　计量单位：个

定额编号				A5-3-109	A5-3-110
项目名称				电动阀(DN32以下)	
				煤气用	冷/热水用
基价（元）				31.96	27.76
其中	人工费（元）			25.20	21.00
	材料费（元）			6.76	6.76
	机械费（元）			—	—
名称		单位	单价(元)	消耗量	
人工	综合工日	工日	140.00	0.180	0.150
材料	活接头 32	个	5.62	1.000	1.000
	聚四氟乙烯生料带	m	0.13	0.300	0.300
	棉纱头	kg	6.00	0.020	0.020
	其他材料费	元	1.00	0.980	0.980

工作内容：开箱检验、定位、切管、套丝、加垫、安装、接线、测试等。　　计量单位：个

定额编号				A5-3-111	A5-3-112	A5-3-113
项目名称				带IC卡		
				煤气表	电表	冷/热水表
基价（元）				59.70	89.49	90.28
其中	人工费（元）			54.60	84.00	84.00
	材料费（元）			5.10	5.49	6.28
	机械费（元）			—	—	—
名称		单位	单价(元)	消耗量		
人工	综合工日	工日	140.00	0.390	0.600	0.600
材料	IC卡	张	8.00	0.500	0.500	0.600
	聚四氟乙烯生料带	m	0.13	—	3.000	1.500
	棉纱头	kg	6.00	0.020	0.020	0.050
	其他材料费	元	1.00	0.980	0.980	0.980

2. 抄表采集及控制设备安装、调试

工作内容：开箱检验、连接、固定安装、接线、调试等。　　计量单位：个

定额编号				A5-3-114	A5-3-115	A5-3-116
项目名称				电力载波	集中式远程总线	
				抄表集中器	抄表采集器	抄表主机
基价（元）				52.14	66.14	283.14
其中	人工费（元）			49.00	63.00	280.00
	材料费（元）			3.14	3.14	3.14
	机械费（元）			—	—	—
名称		单位	单价(元)	消耗量		
人工	综合工日	工日	140.00	0.350	0.450	2.000
材料	镀锌六角螺栓带帽 M8×30	10套	3.70	0.410	0.410	0.410
	棉纱头	kg	6.00	0.020	0.020	0.020
	其他材料费	元	1.00	1.500	1.500	1.500

工作内容：开箱检验、连接、固定安装、接线、调试等。　　　　计量单位：个

定额编号				A5-3-117	A5-3-118
项目名称				分散式远程总线	
				抄表采集器	抄表主机
基价（元）				73.14	115.14
其中	人工费（元）			70.00	112.00
	材料费（元）			3.14	3.14
	机械费（元）			—	—
名称		单位	单价(元)	消耗量	
人工	综合工日	工日	140.00	0.500	0.800
材料	镀锌六角螺栓带帽 M8×30	10套	3.70	0.410	0.410
	棉纱头	kg	6.00	0.020	0.020
	其他材料费	元	1.00	1.500	1.500

工作内容：开箱检验、测位、打眼、连接、固定安装、接线、调试等。　　　　计量单位：个

定额编号				A5-3-119	A5-3-120	A5-3-121
项目名称				抄表控制箱	多表采集智能终端	
					(含控制)	调试
基价（元）				46.56	56.60	210.60
其中	人工费（元）			42.00	56.00	210.00
	材料费（元）			4.56	0.60	0.60
	机械费（元）			—	—	—
名称		单位	单价(元)	消耗量		
人工	综合工日	工日	140.00	0.300	0.400	1.500
材料	冲击钻头 φ12	个	6.75	0.060	—	—
	镀锌六角螺栓带帽 M8×30	10套	3.70	0.410	—	—
	棉纱头	kg	6.00	0.020	0.020	0.020
	膨胀螺栓 M10	套	0.25	4.080	—	—
	其他材料费	元	1.00	1.500	0.480	0.480

工作内容：开箱检验、连接、固定安装、接线、调试等。 计量单位：个

定额编号				A5-3-122	A5-3-123	A5-3-124
项目名称				读表器	通讯接口卡	分线器
基价（元）				**20.98**	**70.74**	**14.56**
其中	人工费（元）			19.60	70.00	14.00
	材料费（元）			1.38	0.74	0.56
	机械费（元）			—	—	—
名称		**单位**	**单价(元)**	**消耗量**		
人工	综合工日	工日	140.00	0.140	0.500	0.100
材料	打印纸 A4	包	17.50	—	0.010	—
	镀锌六角螺栓带帽 M8×30	套	0.37	2.100	—	—
	棉纱头	kg	6.00	0.020	—	—
	木螺钉 M4×40以下	个	0.02	—	4.100	4.100
	其他材料费	元	1.00	0.480	0.480	0.480

3. 抄表管理软件安装、联调

工作内容：设备开箱检验、就位安装、跳线制作、连接、软件安装、调试等。　　　　计量单位：系统

定额编号				A5-3-125
项目名称				抄表数据管理 软件系统联调
基价（元）				1492.59
其中	人工费（元）			1470.00
	材料费（元）			2.23
	机械费（元）			20.36
名称		单位	单价（元）	消耗量
人工	综合工日	工日	140.00	10.500
材料	打印纸 A4	包	17.50	0.100
	其他材料费	元	1.00	0.480
机械	笔记本电脑	台班	9.38	1.500
	对讲机（一对）	台班	4.19	1.500

4. 系统试运行

工作内容：按规范要求，测试抄表系统在运行中的稳定性、可靠性，并根据需求进行调整，填写试运行报告。

计量单位：系统

定额编号				A5-3-126
项目名称				系统试运行
基价（元）				4344.93
其中	人工费（元）			4200.00
	材料费（元）			9.23
	机械费（元）			135.70
名称		单位	单价（元）	消耗量
人工	综合工日	工日	140.00	30.000
材料	打印纸 A4	包	17.50	0.500
	其他材料费	元	1.00	0.480
机械	笔记本电脑	台班	9.38	10.000
	对讲机(一对)	台班	4.19	10.000

三、家居智能化设备安装、调试

1. 家居智能化控制设备安装

工作内容：开箱检验、定位、安装、接线、调试。　　计量单位：台

定额编号				A5-3-127
项目名称				管理中心主机
基价（元）				113.17
其中	人工费（元）			112.00
	材料费（元）			1.17
	机械费（元）			—
	名称	单位	单价(元)	消耗量
人工	综合工日	工日	140.00	0.800
材料	棉纱头	kg	6.00	0.050
	木螺钉 M4×40以下	10个	0.20	0.210
	尼龙胀管 φ6～8	个	0.17	2.060
	异型塑料管 φ5	m	2.39	0.200

工作内容：开箱检验、定位、安装、接线、调试。　　计量单位：套

定额编号				A5-3-128
项目名称				管理中心软件
基价（元）				105.00
其中	人工费（元）			105.00
	材料费（元）			—
	机械费（元）			—
名称		单位	单价（元）	消耗量
人工	综合工日	工日	140.00	0.750

工作内容：开箱检验、定位、安装、接线、调试。　　　　计量单位：台

定额编号				A5-3-129
项目名称				楼层信号分配、隔离设备
基价（元）				29.94
其中	人工费（元）			28.00
	材料费（元）			1.94
	机械费（元）			—
名称		单位	单价（元）	消耗量
人工	综合工日	工日	140.00	0.200
材料	棉纱头	kg	6.00	0.050
	木螺钉 M4×40以下	10个	0.20	0.610
	尼龙胀管 φ6～8	个	0.17	6.120
	异型塑料管 φ5	m	2.39	0.200

工作内容：开箱检验、定位、安装、接线、调试。 计量单位：台

定额编号				A5-3-130	A5-3-131
项目名称				家庭智能	
				控制器	信息箱
基价（元）				28.19	21.19
其中	人工费（元）			28.00	21.00
	材料费（元）			0.19	0.19
	机械费（元）			—	—
名称		单位	单价(元)	消耗量	
人工	综合工日	工日	140.00	0.200	0.150
材料	工业酒精 99.5%	kg	1.36	0.010	0.010
	脱脂棉	kg	17.86	0.010	0.010

工作内容：开箱检验、定位、安装、接线、调试。　　计量单位：台

定额编号				A5-3-132	A5-3-133
项目名称				家庭智能	
				控制功能模块	终端、家庭网关
基价（元）				35.64	56.64
其中	人工费（元）			35.00	56.00
	材料费（元）			0.64	0.64
	机械费（元）			—	—
名称		单位	单价(元)	消耗量	
人工	综合工日	工日	140.00	0.250	0.400
材料	镀锌平机螺丝 M4×30	套	0.16	2.100	2.100
	棉纱头	kg	6.00	0.050	0.050

工作内容：开箱检验、定位、安装、接线、调试。　　　　计量单位：台

定额编号				A5-3-134	A5-3-135
项目名称				燃气泄漏	烟感
				探测器	
基价（元）				22.19	22.19
其中	人工费（元）			21.00	21.00
	材料费（元）			1.19	1.19
	机械费（元）			—	—
名称		单位	单价(元)	消耗量	
人工	综合工日	工日	140.00	0.150	0.150
材料	镀锌平机螺丝 M4×30	套	0.16	2.100	2.100
	工业酒精 99.5%	kg	1.36	0.010	0.010
	焊锡丝	kg	54.10	0.010	0.010
	棉纱头	kg	6.00	0.050	0.050

工作内容：开箱清点、搬运、检查、划线、定位、箱体装置安装、接线、调试。　　计量单位：台

定额编号				A5-3-136	A5-3-137	A5-3-138
项目名称				家居智能控制器		
				报警控制装置	三表计量与远程传输装置	电器监控装置8点以内
基价（元）				315.22	428.38	249.31
其中	人工费（元）			295.40	413.00	236.60
	材料费（元）			3.07	3.07	2.03
	机械费（元）			16.75	12.31	10.68
名称		单位	单价(元)	消耗量		
人工	综合工日	工日	140.00	2.110	2.950	1.690
材料	棉纱头	kg	6.00	0.050	0.050	0.050
	膨胀螺栓 M6	套	0.17	16.320	16.320	10.200
机械	笔记本电脑	台班	9.38	1.000	1.000	0.500
	对讲机(一对)	台班	4.19	1.760	0.700	1.430

工作内容：开箱清点、搬运、检查、划线、定位、箱体装置安装、接线、调试。　　计量单位：台

定额编号				A5-3-139	A5-3-140
项目名称				扩展器	网络设备
基价（元）				28.38	35.38
其中	人工费（元）			28.00	35.00
	材料费（元）			0.38	0.38
	机械费（元）			—	—
名称		单位	单价(元)	消耗量	
人工	综合工日	工日	140.00	0.200	0.250
材料	棉纱头	kg	6.00	0.050	0.050
	自攻螺丝 M6×45mm以内	个	0.02	4.080	4.080

2.家居智能化控制设备调试

工作内容：系统调试、打印记录报警事项、填写测试报告。　　　　　　　　　　计量单位：台

定额编号				A5-3-141	A5-3-142
项目名称				住宅安防系统调试 6点以内	三表计量与远程传输系统调试
基价（元）				147.39	172.95
其中	人工费（元）			140.00	168.00
	材料费（元）			1.30	1.30
	机械费（元）			6.09	3.65
名称		单位	单价(元)	消耗量	
人工	综合工日	工日	140.00	1.000	1.200
材料	棉纱头	kg	6.00	0.050	0.050
	其他材料费	元	1.00	1.000	1.000
机械	对讲机(一对)	台班	4.19	1.453	0.872

工作内容：系统调试、打印记录报警事项、填写测试报告。　　计量单位：台

定　额　编　号				A5-3-143
项　目　名　称				电器控制系统调试
				8点以内
基　　价（元）				227.95
其中	人　工　费（元）			210.00
	材　料　费（元）			1.30
	机　械　费（元）			16.65
名　　称		单位	单价(元)	消　耗　量
人工	综合工日	工日	140.00	1.500
材料	棉纱头	kg	6.00	0.050
	其他材料费	元	1.00	1.000
机械	笔记本电脑	台班	9.38	1.245
	对讲机(一对)	台班	4.19	1.187

3. 家居智能化系统调试

工作内容：系统调试、打印记录报警事项、填写调试报告。　　　　计量单位：系统

定额编号				A5-3-144	A5-3-145	A5-3-146	A5-3-147
项目名称				小区智能系统调试(每户)			
				≤500户	≤1000户	≤2000户	≤3000户
基价（元）				14.95	16.35	20.55	26.38
其中	人工费（元）			14.00	15.40	19.60	25.20
	材料费（元）			0.18	0.18	0.18	0.18
	机械费（元）			0.77	0.77	0.77	1.00
名称		单位	单价(元)	消耗量			
人工	综合工日	工日	140.00	0.100	0.110	0.140	0.180
材料	打印纸 A4	包	17.50	0.010	0.010	0.010	0.010
机械	笔记本电脑	台班	9.38	0.060	0.060	0.060	0.080
	对讲机(一对)	台班	4.19	0.050	0.050	0.050	0.060

工作内容：系统调试、打印记录报警事项、填写调试报告。　　计量单位：系统

定额编号				A5-3-148
项目名称				小区智能系统调试(每户) 每增加200户
基价（元）				7.59
其中	人工费（元）			7.00
	材料费（元）			0.18
	机械费（元）			0.41
名称		单位	单价(元)	消耗量
人工	综合工日	工日	140.00	0.050
材料	打印纸 A4	包	17.50	0.010
机械	笔记本电脑	台班	9.38	0.030
	对讲机(一对)	台班	4.19	0.030

4.家居智能化系统试运行

工作内容：按工程规范要求测试各项技术指标的稳定性、可靠性，填写试运行报告。　　计量单位：系统

定额编号				A5-3-149
项目名称				家庭智能化系统试运行
基价（元）				4421.25
其中	人工费（元）			4200.00
	材料费（元）			1.75
	机械费（元）			219.50
名称		单位	单价(元)	消耗量
人工	综合工日	工日	140.00	30.000
材料	打印纸 A4	包	17.50	0.100
机械	笔记本电脑	台班	9.38	10.000
	对讲机(一对)	台班	4.19	30.000

第四章 有线电视、卫星接收系统安装工程

说　　明

一、本章包括天线、电视设备、信号处理设备、卫星地面站设备、信号传输设备、播控设备、信号分配设备、同轴电缆安装、系统调试、系统试运行工程，适用于有线电视、卫星电视接收系统中设备安装、调试、试运行。

二、本章天线在楼顶上吊装，是按照楼顶距地面 20m 以下考虑的，楼顶距地面高度超过 20m 的吊装工程，应计取超高费。

三、本章卫星电视天线、馈线按成套设备购置考虑，在安装时如需另外配套材料按实际计列。

四、信号接收部分是指卫星天线安装，并且对天线调试以及信号输送到卫星接收机部分。

五、信号处理主要是对信号进行调制、放大、重新分配等工作。

六、信号传输部分是指将信号从机房送到用户终端的系统。

七、本章不包括配管、电视插座底盒、机柜等安装。若发生，套用其他章节的相应定额。

八、本章不包括挖、填土石方、混凝土底座、设备支架、支座、构件和人井、手井（孔）等。若发生，套用其他章节的相应定额。

工程量计算规则

一、电视共用天线安装、调试，以“副”计算。

二、功分链路制作安装，以“个”计算。

三、信号接收、信号处理设备安装、调试以“台”计算。

四、信号传输设备安装、调试以“台”、“个”计算，分支器、分配器等以“只”计算。

五、同轴电缆敷设、穿放、明布放以延长米计算。同轴电缆敷设按单根延长米计算，如一个架上敷设3根各长100m的电缆，应按300m计算，以此类推。

六、线缆附加及预留的长度是敷设长度的组成部分，应计入工程量中。各种敷设预留长度计算规则：

1．进入设备箱、端子箱按箱体的半周长；

2．进入建筑物预留长度2m；

3．进入电缆沟内或吊架上引上（下）预留1.5m；

七、制作天线电缆接头，以“头”计算。

八、电视墙安装、前端射频设备安装、调试，以“套”计算。

九、卫星地面站接收设备、光端设备、有线电视系统管理设备、播控设备安装、调试，以“台”计算。

十、干线设备、分配网络安装、调试，以“个”计算。

十一、系统调试分放大器联动调试和用户终端调试两部分，放大器调试以“台”计算，用户调试以“户”计算。

一、天线安装、调试

1. 电视共用天线安装、调试

工作内容：检查天线杆基础、安装设备箱、清理现场。 计量单位：台

定额编号				A5-4-1
项目名称				电视设备箱
基价（元）				118.06
其中	人工费（元）			114.80
	材料费（元）			3.26
	机械费（元）			—
名称		单位	单价（元）	消耗量
人工	综合工日	工日	140.00	0.820
材料	镀锌带母螺栓 M10×20～35	套	0.80	4.080

工作内容：检查天线杆基础、安装天线杆、清理现场。　　　　　　　　计量单位：套

定额编号					A5-4-2	A5-4-3
项目名称					天线杆	
					基础安装	安装
基价（元）					127.40	639.70
其中	人工费（元）				127.40	572.60
	材料费（元）				—	67.10
	机械费（元）				—	—
名称			单位	单价(元)	消耗量	
人工	综合工日		工日	140.00	0.910	4.090
材料	地脚螺栓 M14×120～230		套	1.34	—	4.080
	镀锌带母螺栓 M10×20～35		套	0.80	—	7.140
	镀锌钢绞线		kg	5.18	—	4.080
	钢线卡子 φ6		个	2.87	—	12.120

工作内容：检查天线杆基础、检查天线杆、安装天线、清理现场。 计量单位：副

定额编号				A5-4-4	A5-4-5
项目名称				天线安装	
				60频道以下	60频道以上
基价（元）				121.40	121.90
其中	人工费（元）			120.40	120.40
	材料费（元）			1.00	1.50
	机械费（元）			—	—
名称		单位	单价(元)	消耗量	
人工	综合工日	工日	140.00	0.860	0.860
材料	其他材料费	元	1.00	1.000	1.500

2. 卫星天线安装、调试

工作内容：开箱检查,搬运天线和天线架,安装天线底座,拼装天线,组装方位杆,清理现场。

计量单位：副

定额编号				A5-4-6	A5-4-7	A5-4-8	A5-4-9
项目名称				C波段卫星天线及高频头安装			
				2m以下	3.2m以下	4.5m以下	6m以下
基价（元）				210.30	350.60	770.82	1541.64
其中	人工费（元）			210.00	350.00	560.00	1120.00
	材料费（元）			0.30	0.60	0.60	1.20
	机械费（元）			—	—	210.22	420.44
名称		单位	单价(元)	消耗量			
人工	综合工日	工日	140.00	1.500	2.500	4.000	8.000
材料	棉纱头	kg	6.00	0.050	0.100	0.100	0.200
机械	电动单筒慢速卷扬机 30kN	台班	210.22	—	—	1.000	2.000

工作内容：开箱检查，搬运天线和天线架，安装天线底座，拼装天线，组装方位杆，清理现场。

计量单位：副

定额编号				A5-4-10
项目名称				Ku波段卫星天线及高频头安装
基价（元）				210.60
其中	人工费（元）			210.00
	材料费（元）			0.60
	机械费（元）			—
名称		单位	单价（元）	消耗量
人工	综合工日	工日	140.00	1.500
材料	棉纱头	kg	6.00	0.100

工作内容：调整方位角、仰角、极化角、高频头，调出电视图像，调试并记录信号电平等技术参数。

计量单位：台

定额编号				A5-4-11	A5-4-12	A5-4-13	A5-4-14
项目名称				C波段卫星天线调试			
				2m以下	3.2m以下	4.5m以下	6m以下
基价（元）				590.66	644.85	744.95	1007.04
其中	人工费（元）			308.00	350.00	420.00	700.00
	材料费（元）			—	—	—	—
	机械费（元）			282.66	294.85	324.95	307.04
名称		单位	单价（元）	消耗量			
人工	综合工日	工日	140.00	2.200	2.500	3.000	5.000
机械	彩色监视器 14″	台班	4.47	1.000	1.000	1.000	1.000
	对讲机（一对）	台班	4.19	1.000	2.000	2.500	3.000
	罗盘	台班	8.00	1.000	2.000	5.500	3.000
	频谱分析仪	台班	266.00	1.000	1.000	1.000	1.000

工作内容：调整方位角、仰角、极化角、高频头，调出电视图像，调试并记录信号电平等技术参数。

计量单位：台

定额编号				A5-4-15
项目名称				Ku波段卫星天线及高频头调试
				2m以下
基价（元）				338.66
其中	人工费（元）			322.00
	材料费（元）			—
	机械费（元）			16.66
名称		单位	单价（元）	消耗量
人工	综合工日	工日	140.00	2.300
机械	彩色监视器 14″	台班	4.47	1.000
	对讲机（一对）	台班	4.19	1.000
	罗盘	台班	8.00	1.000

二、电视设备安装

1. 前端机柜

工作内容：开箱清理、搬运、组装机柜、机柜就位、固定、接机柜电源线，制作、安装地线，清理施工现场。

计量单位：台

定额编号				A5-4-16
项目名称				前端机柜（卫星接收机机柜）安装
				1.6～2.0m
基价（元）				263.00
其中	人工费（元）			254.80
	材料费（元）			8.20
	机械费（元）			—
名称		单位	单价（元）	消耗量
人工	综合工日	工日	140.00	1.820
材料	地脚螺栓 M10×100以下	套	1.50	1.020
	地脚螺栓 M14×120～230	套	1.34	4.080
	棉纱头	kg	6.00	0.200

2.电视墙安装

工作内容：开箱检查，机架安装，固定，引入电源，安装监视器，接通电视信号，整理线扎，挂标记。

计量单位：套

定额编号				A5-4-17	A5-4-18
项目名称				电视墙安装	
				监视器12台以内	监视器24台以内
基价（元）				**732.77**	**1106.84**
其中	人工费（元）			716.80	1075.20
	材料费（元）			15.97	31.64
	机械费（元）			—	—
名称		单位	单价(元)	消耗量	
人工	综合工日	工日	140.00	5.120	7.680
材料	地脚螺栓 M14×180	套	2.50	6.120	12.240
	工业酒精 99.5%	kg	1.36	0.050	0.100
	棉纱头	kg	6.00	0.100	0.150

3. 前端射频设备安装、调试

工作内容：搬运、开箱清点、通电检查、就位、制作接头、对线标记、扎线、清理施工现场，调试各频道输入RF电平幅度、调试各频道的输出幅度及射频参数，填写实验报告。　　计量单位：套

定额编号				A5-4-19	A5-4-20
项目名称				全频道前端	
				10个频道	每增加1个频道
基价（元）				329.05	33.46
其中	人工费（元）			319.20	32.20
	材料费（元）			0.30	0.30
	机械费（元）			9.55	0.96
名称		单位	单价（元）	消耗量	
人工	综合工日	工日	140.00	2.280	0.230
材料	棉纱头	kg	6.00	0.050	0.050
机械	场强仪 RR3A	台班	9.55	1.000	0.100

工作内容：搬运、开箱清点、通电检查、就位、制作接头、对线标记、扎线、清理施工现场，调试各频道输入RF电平幅度、调试各频道的输出幅度及射频参数，填写实验报告。　　计量单位：套

定额编号				A5-4-21	A5-4-22
项目名称				邻频前端	
				12个频道	每增加1个频道
基价（元）				314.81	34.49
其中	人工费（元）			292.60	32.20
	材料费（元）			12.66	1.33
	机械费（元）			9.55	0.96
名称		单位	单价(元)	消耗量	
人工	综合工日	工日	140.00	2.090	0.230
材料	棉纱头	kg	6.00	0.050	0.050
	扎线卡	个	0.34	36.360	3.030
机械	场强仪 RR3A	台班	9.55	1.000	0.100

工作内容：搬运、开箱清点、通电检查、就位、制作接头、对线标记、扎线、清理施工现场,调试各频道输入RF电平幅度、调试各频道的输出幅度及射频参数,填写实验报告。 计量单位：套

定额编号				A5-4-23	A5-4-24
项目名称				挂式邻频前端	
				12个频道	每增加1个频道
基价（元）				327.41	34.49
其中	人工费（元）			305.20	32.20
	材料费（元）			12.66	1.33
	机械费（元）			9.55	0.96
名称		单位	单价(元)	消耗量	
人工	综合工日	工日	140.00	2.180	0.230
材料	棉纱头	kg	6.00	0.050	0.050
	扎线卡	个	0.34	36.360	3.030
机械	场强仪 RR3A	台班	9.55	1.000	0.100

三、信号处理设备

1. 前端电视信号处理

工作内容：开箱检查，设备安装，调试，接线，跳线连接，测量技术参数，记录测试结果，射频混合和分配，跳线连接等。

计量单位：台

定额编号				A5-4-25	A5-4-26	A5-4-27
项目名称				视频放大器	视频、音频	
				安装	跳线安装	矩阵安装
					24根以内	调试
基价（元）				130.37	42.00	231.27
其中	人工费（元）			42.00	42.00	210.00
	材料费（元）			0.07	—	0.15
	机械费（元）			88.30	—	21.12
名称		单位	单价（元）	消耗量		
人工	综合工日	工日	140.00	0.300	0.300	1.500
材料	工业酒精 99.5%	kg	1.36	0.010	—	0.020
	棉纱头	kg	6.00	0.010	—	0.020
机械	彩色监视器 14″	台班	4.47	0.400	—	1.500
	场强仪 RR3A	台班	9.55	0.300	—	—
	频谱分析仪	台班	266.00	0.300	—	—
	示波器	台班	9.61	0.400	—	1.500

工作内容：开箱检查，设备安装，调试，接线，跳线连接，测量技术参数，记录测试结果，射频混合和分配，跳线连接等。

计量单位：台

定额编号				A5-4-28	A5-4-29
项目名称				集中供电电源≤60VAC	解码器解压器
基价（元）				131.74	170.96
其中	人工费（元）			49.00	84.00
	材料费（元）			0.07	0.15
	机械费（元）			82.67	86.81
名称		单位	单价（元）	消耗量	
人工	综合工日	工日	140.00	0.350	0.600
材料	工业酒精 99.5%	kg	1.36	0.010	0.020
	棉纱头	kg	6.00	0.010	0.020
机械	彩色监视器 14″	台班	4.47	—	0.500
	场强仪 RR3A	台班	9.55	0.300	0.500
	频谱分析仪	台班	266.00	0.300	0.300

工作内容：开箱检查，设备安装，调试，接线，跳线连接，测量技术参数，记录测试结果，射频混合和分配，跳线连接等。

计量单位：台

定额编号				A5-4-30	A5-4-31
项目名称				数字信号转换器	制式转换器
基价（元）				**198.96**	**142.45**
其中	人工费（元）			112.00	84.00
	材料费（元）			0.15	0.15
	机械费（元）			86.81	58.30
名称		单位	单价(元)	消耗量	
人工	综合工日	工日	140.00	0.800	0.600
材料	工业酒精 99.5%	kg	1.36	0.020	0.020
	棉纱头	kg	6.00	0.020	0.020
机械	彩色监视器 14″	台班	4.47	0.500	0.500
	场强仪 RR3A	台班	9.55	0.500	0.300
	频谱分析仪	台班	266.00	0.300	0.200

工作内容：开箱检查，设备安装，调试，接线，跳线连接，测量技术参数，记录测试结果，射频混合和分配，跳线连接等。

计量单位：台

定额编号				A5-4-32
项目名称				视频加扰器 视频加密器
基价（元）				156.45
其中	人工费（元）			98.00
	材料费（元）			0.15
	机械费（元）			58.30
名称		单位	单价（元）	消耗量
人工	综合工日	工日	140.00	0.700
材料	工业酒精 99.5%	kg	1.36	0.020
	棉纱头	kg	6.00	0.020
机械	彩色监视器 14″	台班	4.47	0.500
	场强仪 RR3A	台班	9.55	0.300
	频谱分析仪	台班	266.00	0.200

2.有线电视信号处理设备安装、调试

工作内容：开箱清点，安装，固定，接线，做标记，功能测试，管理系统调试。　　计量单位：台

定额编号				A5-4-33	A5-4-34
项目名称				寻址控制器	视频加密器
基价（元）				172.86	175.74
其中	人工费（元）			168.00	168.00
	材料费（元）			2.95	5.83
	机械费（元）			1.91	1.91
名称		单位	单价(元)	消耗量	
人工	综合工日	工日	140.00	1.200	1.200
材料	标志牌	个	1.37	2.100	4.200
	工业酒精 99.5%	kg	1.36	0.010	0.010
	棉纱头	kg	6.00	0.010	0.010
机械	场强仪 RR3A	台班	9.55	0.200	0.200

工作内容：开箱清点,安装,固定,接线,做标记,功能测试,管理系统调试。　　　　计量单位：台

定额编号				A5-4-35	A5-4-36
项目名称				数据通道	
				控制器	调制器
基价（元）				172.86	172.86
其中	人工费（元）			168.00	168.00
	材料费（元）			2.95	2.95
	机械费（元）			1.91	1.91
名称		单位	单价(元)	消耗量	
人工	综合工日	工日	140.00	1.200	1.200
材料	标志牌	个	1.37	2.100	2.100
	工业酒精 99.5%	kg	1.36	0.010	0.010
	棉纱头	kg	6.00	0.010	0.010
机械	场强仪 RR3A	台班	9.55	0.200	0.200

工作内容：开箱清点,安装,固定,接线,做标记,功能测试,管理系统调试。　　　　计量单位：台

定额编号				A5-4-37	A5-4-38
项目名称				数据分支器	网络收费管理器
基价（元）				**89.31**	**1207.57**
其中	人工费（元）			84.00	672.00
	材料费（元）			4.35	3.57
	机械费（元）			0.96	532.00
名称		**单位**	**单价(元)**	**消耗量**	
人工	综合工日	工日	140.00	0.600	4.800
材料	标志牌	个	1.37	3.150	—
	打印纸 A4	包	17.50	—	0.200
	工业酒精 99.5%	kg	1.36	0.005	0.010
	棉纱头	kg	6.00	0.005	0.010
机械	场强仪 RR3A	台班	9.55	0.100	—
	频谱分析仪	台班	266.00	—	2.000

四、卫星地面站设备

1. 卫星地面站接收设备安装、调试

工作内容：开箱检查，清理搬运，功分板制作、安装，接线，调试，卫星接收机安装、调试等。

计量单位：块

定额编号				A5-4-39
项目名称				功分板 制作
基价（元）				140.13
其中	人工费（元）			140.00
	材料费（元）			0.13
	机械费（元）			—
名称		单位	单价（元）	消耗量
人工	综合工日	工日	140.00	1.000
材料	工业酒精 99.5%	kg	1.36	0.010
	棉纱头	kg	6.00	0.020

工作内容：开箱检查，清理搬运，功分板制作、安装，接线，调试，卫星接收机安装、调试等。

计量单位：台

定额编号				A5-4-40	A5-4-41
项目名称				功分器	卫星线路放大器
				安装	安装、调试
基价（元）				28.07	59.57
其中	人工费（元）			28.00	56.00
	材料费（元）			0.07	3.57
	机械费（元）			—	—
名称		单位	单价(元)	消耗量	
人工	综合工日	工日	140.00	0.200	0.400
材料	防水胶布 25mm×5m	m	3.50	—	1.000
	工业酒精 99.5%	kg	1.36	0.010	0.010
	棉纱头	kg	6.00	0.010	0.010

工作内容：开箱检查,安装,接线,调试音频及视频信号,测试调整信号电平等技术参数。　　计量单位：台

定　额　编　号				A5-4-42	A5-4-43
项　目　名　称				模拟卫星接收机	数字卫星接收机
				安装、调试	
基　　价（元）				307.41	355.08
其中	人　工　费（元）			168.00	210.00
	材　料　费（元）			0.74	0.74
	机　械　费（元）			138.67	144.34
名　　称		单位	单价(元)	消　耗　量	
人工	综合工日	工日	140.00	1.200	1.500
材料	工业酒精 99.5%	kg	1.36	0.100	0.100
	棉纱头	kg	6.00	0.100	0.100
机械	彩色监视器 14″	台班	4.47	0.200	0.400
	场强仪 RR3A	台班	9.55	0.500	1.000
	频谱分析仪	台班	266.00	0.500	0.500

2. 卫星地面站前端设备安装、调试

工作内容：开箱检查，搬运，划线定位，安装，接线，扎线，对线，挂标记，调试各频道电平值，调试各频道的输出幅度及射频参数，记录测试结果。

计量单位：台

定额编号				A5-4-44	A5-4-45
项目名称				调制器变频器	混合器
基价（元）				175.16	77.16
其中	人工费（元）			168.00	70.00
	材料费（元）			0.15	0.15
	机械费（元）			7.01	7.01
名称		单位	单价(元)	消耗量	
人工	综合工日	工日	140.00	1.200	0.500
材料	工业酒精 99.5%	kg	1.36	0.020	0.020
	棉纱头	kg	6.00	0.020	0.020
机械	彩色监视器 14″	台班	4.47	0.500	0.500
	场强仪 RR3A	台班	9.55	0.500	0.500

工作内容：开箱检查，搬运，划线定位，安装，接线，扎线，对线，挂标记，调试各频道电平值，调试各频道的输出幅度及射频参数，记录测试结果。

计量单位：台

定额编号				A5-4-46
项目名称				前端卫星接收机及调制器机柜 高2m以内
基价（元）				290.91
其中	人工费（元）			280.00
	材料费（元）			10.91
	机械费（元）			—
名称		单位	单价（元）	消耗量
人工	综合工日	工日	140.00	2.000
材料	地脚螺栓 M14×180	套	2.50	4.080
	镀锌六角螺栓带帽 M10×40	10套	3.82	0.100
	工业酒精 99.5%	kg	1.36	0.020
	棉纱头	kg	6.00	0.050

工作内容：开箱检查，搬运，划线定位，安装，接线，扎线，对线，挂标记，调试各频道电平值，调试各频道的输出幅度及射频参数，记录测试结果。

计量单位：个

定额编号				A5-4-47	A5-4-48
项目名称				邻频前端信号调试	
				12个频道	每增加1个频道
基价（元）				357.03	30.80
其中	人工费（元）			336.00	28.00
	材料费（元）			—	—
	机械费（元）			21.03	2.80
名称		单位	单价(元)	消耗量	
人工	综合工日	工日	140.00	2.400	0.200
机械	彩色监视器 14″	台班	4.47	1.500	0.200
	场强仪 RR3A	台班	9.55	1.500	0.200

五、信号传输设备

1.光传输设备安装、调试

工作内容：开箱检查，安装，接线，接入电源，测量光功率，技术参数调试，整理测试记录。 计量单位：台

定额编号				A5-4-49	A5-4-50	A5-4-51
项目名称				光端机		
				模拟光发射机	FM光发射机	数字光发射机
基价（元）				518.15	737.43	966.19
其中	人工费（元）			280.00	420.00	490.00
	材料费（元）			0.13	0.07	0.15
	机械费（元）			238.02	317.36	476.04
名称		单位	单价（元）	消耗量		
人工	综合工日	工日	140.00	2.000	3.000	3.500
材料	工业酒精 99.5%	kg	1.36	0.050	0.010	0.020
	棉纱头	kg	6.00	0.010	0.010	0.020
机械	光功率计	台班	56.13	1.500	2.000	3.000
	光时域反射仪	台班	102.55	1.500	2.000	3.000

工作内容：开箱检查，安装，接线，接入电源，测量光功率，技术参数调试，整理测试记录。　　计量单位：台

定额编号				A5-4-52	A5-4-53
项目名称				光接收机	
				室内安装	室外架空
基价（元）				300.15	342.92
其中	人工费（元）			140.00	210.00
	材料费（元）			1.47	0.15
	机械费（元）			158.68	132.77
名称		单位	单价（元）	消耗量	
人工	综合工日	工日	140.00	1.000	1.500
材料	镀锌螺栓 M5×25	套	0.34	4.080	—
	镀锌铁丝 12号	kg	3.57	—	0.020
	工业酒精 99.5%	kg	1.36	0.020	0.010
	棉纱头	kg	6.00	0.010	0.010
机械	光功率计	台班	56.13	1.000	2.000
	光时域反射仪	台班	102.55	1.000	0.200

工作内容：开箱检查,安装,接线,接入电源,测量光功率,技术参数调试,整理测试记录。 计量单位：台

定额编号				A5-4-54	A5-4-55
项目名称				光放大器	光发机光收机
				光分路器	光放大模块
				安装	
基价（元）				139.20	167.20
其中	人工费（元）			84.00	112.00
	材料费（元）			0.09	0.09
	机械费（元）			55.11	55.11
名称		单位	单价（元）	消耗量	
人工	综合工日	工日	140.00	0.600	0.800
材料	工业酒精 99.5%	kg	1.36	0.020	0.020
	棉纱头	kg	6.00	0.010	0.010
机械	场强仪 RR3A	台班	9.55	0.300	0.300
	光功率计	台班	56.13	0.200	0.200
	光时域反射仪	台班	102.55	0.400	0.400

工作内容：开箱检查,安装,接线,接入电源,测量光功率,技术参数调试,整理测试记录。　　计量单位：台

定　额　编　号				A5-4-56
项　目　名　称				光衰减器 安装
基　　价（元）				39.23
其中	人　工　费（元）			28.00
	材　料　费（元）			—
	机　械　费（元）			11.23
名　　称		单位	单价(元)	消　耗　量
人工	综合工日	工日	140.00	0.200
机械	光功率计	台班	56.13	0.200

2. 干线放大器、电源供应器安装、调试

工作内容：开箱检查，安装紧固，接线，接通电源，测试信号电平，电压数据，调试，记录测试结果。

计量单位：台

定额编号				A5-4-57	A5-4-58	A5-4-59	A5-4-60
项目名称				干线放大器		电源供应器	
				室内安装	架空安装	地面安装	架空安装
基价（元）				310.49	515.49	115.32	210.16
其中	人工费（元）			168.00	350.00	112.00	210.00
	材料费（元）			4.71	0.16	3.32	0.16
	机械费（元）			137.78	165.33	—	—
名称		单位	单价（元）	消耗量			
人工	综合工日	工日	140.00	1.200	2.500	0.800	1.500
材料	地脚螺栓 M8×80	套	0.80	4.080	—	4.080	—
	镀锌螺栓 M5×25	套	0.34	4.080	—	—	—
	镀锌铁丝 12号	kg	3.57	—	0.010	—	0.010
	棉纱头	kg	6.00	0.010	0.020	0.010	0.020
机械	场强仪 RR3A	台班	9.55	0.500	0.600	—	—
	频谱分析仪	台班	266.00	0.500	0.600	—	—

工作内容：开箱检查，安装紧固，接线，接通电源，测试信号电平，电压数据，调试，记录测试结果。

计量单位：只

定 额 编 号				A5-4-61
项 目 名 称				过电流分支器 分配器安装
基 价（元）				42.06
其中	人 工 费（元）			42.00
	材 料 费（元）			0.06
	机 械 费（元）			—
名 称		单位	单价(元)	消 耗 量
人工	综合工日	工日	140.00	0.300
材料	棉纱头	kg	6.00	0.010

六、播控设备安装、调试

1. 播控台安装

工作内容：搬运、开箱清点、安装就位、调试、固定、接线、接地、做标记、清理现场。

计量单位：台

定额编号				A5-4-62	A5-4-63	A5-4-64
项目名称				播控台安装		
				长度1.6m以内	长度2m以内	长度1.2m以内 组合式
基价（元）				**418.98**	**593.32**	**244.64**
其中	人工费（元）			350.00	490.00	210.00
	材料费（元）			68.98	103.32	34.64
	机械费（元）			—	—	—
名称		**单位**	**单价(元)**	**消耗量**		
人工	综合工日	工日	140.00	2.500	3.500	1.500
材料	棉纱头	kg	6.00	0.050	0.050	0.050
	扎线卡	个	0.34	202.000	303.000	101.000

2. 播控设备安装

工作内容：搬运、开箱清点、安装就位、调试、固定、接线、接地、做标记、清理现场。

计量单位：台

定额编号				A5-4-65	A5-4-66	A5-4-67
项目名称				控制设备安装		
				电源自控器	矩阵切换器	时钟控制器
基价（元）				106.85	101.10	103.98
其中	人工费（元）			100.80	100.80	100.80
	材料费（元）			6.05	0.30	3.18
	机械费（元）			—	—	—
名称		单位	单价(元)	消耗量		
人工	综合工日	工日	140.00	0.720	0.720	0.720
材料	标志牌	个	1.37	4.200	—	2.100
	棉纱头	kg	6.00	0.050	0.050	0.050

工作内容：搬运、开箱清点、安装就位、调试、固定、接线、接地、做标记、清理现场。

计量单位：台

定额编号				A5-4-68	A5-4-69
项目名称				控制设备安装	
				电平循环监测报警器	台标发生器
基价（元）				67.58	91.38
其中	人工费（元）			64.40	88.20
	材料费（元）			3.18	3.18
	机械费（元）			—	—
名称		单位	单价(元)	消耗量	
人工	综合工日	工日	140.00	0.460	0.630
材料	标志牌	个	1.37	2.100	2.100
	棉纱头	kg	6.00	0.050	0.050

工作内容：搬运、开箱清点、安装就位、调试、固定、接线、接地、做标记、清理现场。

计量单位：台

定额编号				A5-4-70	A5-4-71	A5-4-72
项目名称				控制设备安装		
				时标发生器	字幕叠加器	监视器
基价（元）				**91.38**	**175.23**	**48.12**
其中	人工费（元）			88.20	100.80	25.20
	材料费（元）			3.18	74.43	22.92
	机械费（元）			—	—	—
名称		单位	单价(元)	消耗量		
人工	综合工日	工日	140.00	0.630	0.720	0.180
材料	标志牌	个	1.37	2.100	4.200	4.200
	棉纱头	kg	6.00	0.050	—	—
	扎线卡	个	0.34	—	202.000	50.500

工作内容：搬运、开箱清点、安装就位、调试、固定、接线、接地、做标记、清理现场。

计量单位：台

定额编号				A5-4-73	A5-4-74
项目名称				控制设备安装	
				视(音)频处理器	时钟校正器
基价（元）				172.36	120.85
其中	人工费（元）			100.80	100.80
	材料费（元）			71.56	20.05
	机械费（元）			—	—
名称		单位	单价(元)	消耗量	
人工	综合工日	工日	140.00	0.720	0.720
材料	标志牌	个	1.37	2.100	2.100
	扎线卡	个	0.34	202.000	50.500

工作内容：搬运、开箱清点、安装就位、调试、固定、接线、接地、做标记、清理现场。

计量单位：台

定额编号				A5-4-75	A5-4-76
项目名称				控制设备安装	
				视频分配器	画中画播出机
基价（元）				199.60	120.85
其中	人工费（元）			100.80	100.80
	材料费（元）			98.80	20.05
	机械费（元）			—	—
名称		单位	单价(元)	消耗量	
人工	综合工日	工日	140.00	0.720	0.720
材料	标志牌	个	1.37	9.450	2.100
	扎线卡	个	0.34	252.500	50.500

3. 播控台调试

工作内容：系统调试、开通调试。

计量单位：台

定额编号				A5-4-77
项目名称				播控台调试
基价（元）				763.00
其中	人工费（元）			763.00
	材料费（元）			—
	机械费（元）			—
名称		单位	单价（元）	消耗量
人工	综合工日	工日	140.00	5.450

七、信号分配设备安装、调试

1. 分配放大器安装

工作内容：开箱检查，安装，接线，接入电源，调试，测试信号电平等技术参数。　　计量单位：台

定额编号				A5-4-78	A5-4-79
项目名称				分配放大器	
				室内安装	架空安装
基价（元）				40.83	290.03
其中	人工费（元）			35.00	280.00
	材料费（元）			1.05	0.48
	机械费（元）			4.78	9.55
名称		单位	单价(元)	消耗量	
人工	综合工日	工日	140.00	0.250	2.000
材料	冲击钻头 φ8	个	5.38	0.040	—
	镀锌铁丝 12号	kg	3.57	—	0.100
	棉纱头	kg	6.00	0.010	0.020
	木螺钉 M4×40以下	10个	0.20	0.410	—
	尼龙胀管 φ6～8	个	0.17	4.080	—
机械	场强仪 RR3A	台班	9.55	0.500	1.000

2. 分支器、分配器、衰减器安装

工作内容：检查器件，清理端口，清理安装盒，安装，固定，接线，整理布线。　　计量单位：只

定额编号				A5-4-80	A5-4-81
项目名称				分支、分配器室内安装	
				6端口以内	6端口以上
基价（元）				21.51	25.71
其中	人工费（元）			21.00	25.20
	材料费（元）			0.03	0.03
	机械费（元）			0.48	0.48
名称		单位	单价（元）	消耗量	
人工	综合工日	工日	140.00	0.150	0.180
材料	棉纱头	kg	6.00	0.005	0.005
机械	场强仪 RR3A	台班	9.55	0.050	0.050

工作内容：检查器件,清理端口,清理安装盒,安装,固定,接线,整理布线。　　　　计量单位：只

定额编号					A5-4-82	A5-4-83
项目名称					分支、分配器室外安装	
					6端口以内	6端口以上
基价（元）					30.78	37.78
其中	人工费（元）				28.00	35.00
	材料费（元）				1.82	1.82
	机械费（元）				0.96	0.96
名称			单位	单价(元)	消耗量	
人工	综合工日		工日	140.00	0.200	0.250
材料	镀锌铁丝 12号		kg	3.57	0.010	0.010
	防水胶布 25mm×5m		m	3.50	0.500	0.500
	棉纱头		kg	6.00	0.005	0.005
机械	场强仪 RR3A		台班	9.55	0.100	0.100

工作内容：检查器件,清理端口,清理安装盒,安装,固定,接线,整理布线。　　　　计量单位：只

定额编号				A5-4-84
项目名称				衰减器、滤波器
基价（元）				7.51
其中	人工费（元）			7.00
	材料费（元）			0.03
	机械费（元）			0.48
名称		单位	单价(元)	消耗量
人工	综合工日	工日	140.00	0.050
材料	棉纱头	kg	6.00	0.005
机械	场强仪 RR3A	台班	9.55	0.050

3. 用户终端设备安装、调试

工作内容：检查器件，清理安装盒接线，整理布线，修补布线，修补钻孔裂损，监看电视图像和声音效果。

计量单位：只

定额编号				A5-4-85	A5-4-86
项目名称				机上变换器、机顶盒安装、调试	电视插座
基价（元）				63.54	6.80
其中	人工费（元）			63.00	6.02
	材料费（元）			0.06	0.30
	机械费（元）			0.48	0.48
名称		单位	单价(元)	消耗量	
人工	综合工日	工日	140.00	0.450	0.043
材料	电视插座型	个	—	—	(1.010)
	镀锌螺栓 M4×16～25	套	0.12	—	2.040
	棉纱头	kg	6.00	0.010	0.010
机械	场强仪 RR3A	台班	9.55	0.050	0.050

八、布放同轴电缆

1. 穿放、布放同轴电缆

工作内容：穿引线、扫管、涂滑石粉、放线、穿线、编号、临时封头等。　　计量单位：100m

定额编号				A5-4-87	A5-4-88	A5-4-89	A5-4-90
项目名称				管内穿同轴电缆SY(V)			
				-75-5以下	-75-7以下	-75-9以下	-75-9以上
基价（元）				125.26	150.46	178.46	199.46
其中	人工费（元）			121.80	147.00	175.00	196.00
	材料费（元）			1.47	1.47	1.47	1.47
	机械费（元）			1.99	1.99	1.99	1.99
名称		单位	单价(元)	消耗量			
人工	综合工日	工日	140.00	0.870	1.050	1.250	1.400
材料	同轴电缆	m	—	(103.000)	(103.000)	(103.000)	(103.000)
	镀锌铁丝 14号	kg	3.57	0.090	0.090	0.090	0.090
	线号套管(综合) φ3.5mm	只	0.12	2.100	2.100	2.100	2.100
	装料胶布带 25mm×10mm	卷	1.20	0.750	0.750	0.750	0.750
机械	对讲机(一对)	台班	4.19	0.475	0.475	0.475	0.475

工作内容：清扫线槽、放线、编号、对号、绑扎、整理、临时封头等。　　　　计量单位：100m

定额编号				A5-4-91	A5-4-92	A5-4-93	A5-4-94
项目名称				线槽内布放同轴电缆SY(V)			
				-75-5以下	-75-7以下	-75-9以下	-75-9以上
基价（元）				137.20	163.80	191.80	212.80
其中	人工费（元）			134.40	161.00	189.00	210.00
	材料费（元）			0.81	0.81	0.81	0.81
	机械费（元）			1.99	1.99	1.99	1.99
名称		单位	单价(元)	消耗量			
人工	综合工日	工日	140.00	0.960	1.150	1.350	1.500
材料	同轴电缆	m	—	(104.000)	(104.000)	(104.000)	(104.000)
	镀锌铁丝 14号	kg	3.57	0.090	0.090	0.090	0.090
	尼龙扎带 L=100～150	个	0.04	6.000	6.000	6.000	6.000
	线号套管(综合) φ3.5mm	只	0.12	2.100	2.100	2.100	2.100
机械	对讲机(一对)	台班	4.19	0.475	0.475	0.475	0.475

工作内容：检测电缆、配盘、架设电缆、挂钩、盘余长、绑保护物。　　　　计量单位：100m

定额编号				A5-4-95	A5-4-96
项目名称				室外在电杆上架设同轴电缆	
基价（元）				454.46	521.10
其中	人工费（元）			326.20	392.00
	材料费（元）			121.56	121.56
	机械费（元）			6.70	7.54
名称		单位	单价(元)	消耗量	
人工	综合工日	工日	140.00	2.330	2.800
材料	电缆	m	—	(102.000)	(102.000)
	电缆挂钩 25	个	0.60	202.000	202.000
	镀锌铁丝 18号	kg	3.57	0.100	0.100
机械	对讲机(一对)	台班	4.19	1.600	1.800

工作内容：安装支撑物、布放吊线、做终端、配盘、架设电缆、挂钩、盘余长、绑保护物。

计量单位：100m

定额编号				A5-4-97	A5-4-98
项目名称				室外在墙壁上架设射频电缆	
				Φ9mm以下	Φ9mm以上
基价（元）				770.82	836.62
其中	人工费（元）			392.00	457.80
	材料费（元）			370.44	370.44
	机械费（元）			8.38	8.38
名称		单位	单价(元)	消耗量	
人工	综合工日	工日	140.00	2.800	3.270
材料	电缆	m	—	(102.000)	(102.000)
	U型钢卡 Φ6.0mm	副	1.09	14.140	14.140
	电缆挂钩 25	个	0.60	202.000	202.000
	镀锌钢绞线	kg	5.18	11.220	11.220
	镀锌滚花膨胀螺栓 M10	套	1.10	24.480	24.480
	镀锌铁丝 18号	kg	3.57	0.100	0.100
	拉线环(大号)	个	7.50	4.040	4.040
	平顶射钉(螺纹)	个	0.35	25.250	25.250
	中间支持物	套	5.30	8.080	8.080
	终端转角墙担	根	16.45	4.040	4.040
机械	对讲机(一对)	台班	4.19	2.000	2.000

工作内容：检查器材、成端接头、固定接头。　　　　计量单位：10个

定额编号				A5-4-99	A5-4-100
项目名称				射频电缆接头	
				架空	地面
基价（元）				80.87	55.44
其中	人工费（元）			60.20	35.00
	材料费（元）			20.67	20.44
	机械费（元）			—	—
名称		单位	单价(元)	消耗量	
人工	综合工日	工日	140.00	0.430	0.250
材料	F型插头	个	2.00	10.100	10.100
	其他材料费	元	1.00	0.470	0.235

2. 同轴电缆接头制作、安装

工作内容：钻孔、固定支架、安装、做接头、缠绑。　　　　计量单位：个

定额编号				A5-4-101	A5-4-102
项目名称				固定接头	终端负载
基价（元）				46.86	77.54
其中	人工费（元）			42.00	70.00
	材料费（元）			4.86	7.54
	机械费（元）			—	—
名称		单位	单价(元)	消耗量	
人工	综合工日	工日	140.00	0.300	0.500
材料	镀锌铁丝 18号	kg	3.57	0.030	0.030
	钢绳扎头 φ10mm	个	0.73	3.030	2.040
	接头固定夹(带螺栓) 3×30×160mm	副	0.63	1.020	1.020
	膨胀螺栓 M12以下	套	1.30	—	4.080
	心形环	个	0.94	2.020	—

工作内容：钻孔、固定支架、安装、做接头、缠绑。　　　　　　　　　　　　　　　　计量单位：个

定额编号				A5-4-103	A5-4-104
项目名称				终端接头	
				地下	地上
基价（元）				79.03	86.04
其中	人工费（元）			70.00	70.00
	材料费（元）			9.03	16.04
	机械费（元）			—	—
名称		单位	单价(元)	消耗量	
人工	综合工日	工日	140.00	0.500	0.500
材料	镀锌扁钢抱箍 -40×4	副	3.85	—	2.020
	镀锌铁丝 18号	kg	3.57	0.030	0.030
	钢绳扎头 φ10mm	个	0.73	4.080	4.080
	接头固定夹(带螺栓) 3×30×160mm	副	0.63	1.020	1.020
	膨胀螺栓 M12以下	套	1.30	4.080	—
	三眼双槽夹板	副	0.63	—	1.050
	心形环	个	0.94	—	4.120

九、系统调试

工作内容：调试放大器(包括回传)、线路信号联调,测试用户终端技术参数,预置用户频道。

计量单位：台

定额编号				A5-4-105	A5-4-106
项目名称				放大器联调	
				单向传输	双向传输
基价（元）				45.16	75.96
其中	人工费（元）			42.00	70.00
	材料费（元）			0.22	0.22
	机械费（元）			2.94	5.74
名称		单位	单价(元)	消耗量	
人工	综合工日	工日	140.00	0.300	0.500
材料	标签纸 50页/本	本	7.20	0.030	0.030
机械	彩色监视器 14″	台班	4.47	0.020	0.030
	场强仪 RR3A	台班	9.55	0.020	0.030
	频谱分析仪	台班	266.00	0.010	0.020

工作内容：调试放大器(包括回传)、线路信号联调，测试用户终端技术参数，预置用户频道。

计量单位：户

定额编号				A5-4-107
项目名称				用户终端测试
基价（元）				10.08
其中	人工费（元）			4.20
	材料费（元）			0.14
	机械费（元）			5.74
名称		单位	单价(元)	消耗量
人工	综合工日	工日	140.00	0.030
材料	标签纸 50页/本	本	7.20	0.020
机械	彩色监视器 14″	台班	4.47	0.030
	场强仪 RR3A	台班	9.55	0.030
	频谱分析仪	台班	266.00	0.020

十、系统试运行

工作内容：测试各项技术指标的稳定性、可靠性、一个月内连续传送电视信号，记录试运行结果。

计量单位：系统

定额编号				A5-4-108
项目名称				系统试运行
基价（元）				6964.25
其中	人工费（元）			4200.00
	材料费（元）			8.75
	机械费（元）			2755.50
名称		单位	单价（元）	消耗量
人工	综合工日	工日	140.00	30.000
材料	打印纸 A4	包	17.50	0.500
机械	场强仪 RR3A	台班	9.55	10.000
	频谱分析仪	台班	266.00	10.000

第五章 音频、视频系统工程

说　明

一、本章包括扩声（音频）系统、背景音乐系统、会议（视频）系统、灯光系统、集中控制系统工程，适用于公共建筑中多功能厅、会议厅、教室、歌剧院、体育场馆、公园、小区背景音乐等多媒体系统的设备安装、调试、试运行。

二、本章设备按成套购置考虑。

三、本章不包括配管、配线、桥架、机柜、配线箱等安装。若发生，套用其他章节的相应定额。

四、本章不包括设备固定架、支架的制作、安装。若发生，套用其他章节的相应定额。

五、本章不包括电源、防雷接地等。若发生，套用其他章节的相应定额。

六、线阵列音箱安装按单台音箱重量分别套用定额子目。

七、有关本系统中计算机设备、管理软件等安装、调试参照其他章节的相应定额。

工程量计算规则

一、扩声系统设备安装，以“台”计算。

二、扩声系统设备调试、试运行，以“系统”计算。

三、背景音乐系统设备安装、调试，以“台”计算。

四、背景音乐系统联调、试运行，以“系统”计算。

五、信号采集设备安装，以“台/套”计算。

六、信号处理设备安装，以“台/（点）”计算。

七、投影幕、背投拼接箱、拼接控制器、提词器安装，以“套/（个）”计算。

八、录编设备安装，以“台/套”计算。

九、视频会议系统调试、试运行，以“系统”计算。

十一、灯光系统设备安装，以“台”计算。

十二、灯光系统设备调试，以每控制回路“个”计算。

十三、集中控制系统设备安装，以“台”计算。

十四、集中控制设备分系统调试，以 “台”计算。

一、扩声(音频)系统设备安装、调试

1.声源设备安装

工作内容：开箱检验、安装设备、连线、调试。　　　　计量单位：台

定额编号				A5-5-1	A5-5-2	A5-5-3
项目名称				有线(拾音头)	无线	遥控
				传声器		
基价（元）				30.80	10.69	143.43
其中	人工费（元）			30.80	9.80	140.00
	材料费（元）			—	0.89	3.43
	机械费（元）			—	—	—
名称		单位	单价(元)	消耗量		
人工	综合工日	工日	140.00	0.220	0.070	1.000
材料	工业酒精 99.5%	kg	1.36	—	—	0.010
	焊锡丝	kg	54.10	—	—	0.050
	脱脂棉	kg	17.86	—	0.050	0.040

工作内容：开箱检验、安装设备、连线、调试。　　　　计量单位：个

定额编号				A5-5-4
项目名称				多媒体插座
基价（元）				23.13
其中	人工费（元）			22.40
	材料费（元）			0.73
	机械费（元）			—
名称		单位	单价(元)	消耗量
人工	综合工日	工日	140.00	0.160
材料	工业酒精 99.5%	kg	1.36	0.010
	焊锡丝	kg	54.10	0.010
	脱脂棉	kg	17.86	0.010

工作内容：开箱检验、安装设备、连线、调试。　　　　计量单位：台

定额编号				A5-5-5	A5-5-6	A5-5-7
项目名称				卡座	EVD	搓盘机
基价（元）				21.89	16.80	35.00
其中	人工费（元）			21.00	16.80	35.00
	材料费（元）			0.89	—	—
	机械费（元）			—	—	—
名称		单位	单价(元)	消耗量		
人工	综合工日	工日	140.00	0.150	0.120	0.250
材料	脱脂棉	kg	17.86	0.050	—	—

工作内容：开箱检验、安装设备、连线、调试。　　　　计量单位：台

定额编号				A5-5-8	A5-5-9	A5-5-10
项目名称				数字调谐器	LD音频部分	数字信息播放器
基价（元）				50.04	50.04	50.04
其中	人工费（元）			49.00	49.00	49.00
	材料费（元）			1.04	1.04	1.04
	机械费（元）			—	—	—
名称		单位	单价(元)	消耗量		
人工	综合工日	工日	140.00	0.350	0.350	0.350
材料	镀锌螺栓 M5×25	套	0.34	2.020	2.020	2.020
	脱脂棉	kg	17.86	0.020	0.020	0.020

工作内容：开箱检验、安装设备、连线、调试。　　计量单位：台

定额编号				A5-5-11	A5-5-12
项目名称				传声器输入单元	钟声单元
基价（元）				14.36	14.36
其中	人工费（元）			14.00	14.00
	材料费（元）			0.36	0.36
	机械费（元）			—	—
名称		单位	单价(元)	消耗量	
人工	综合工日	工日	140.00	0.100	0.100
材料	脱脂棉	kg	17.86	0.020	0.020

工作内容：开箱检验、安装设备、连线、调试。　　　　　　　　　　　　　　　　计量单位：台

定额编号				A5-5-13	A5-5-14
项目名称				语音信息单元	报警钟声信号单元
基价（元）				**14.36**	**14.36**
其中	人工费（元）			14.00	14.00
	材料费（元）			0.36	0.36
	机械费（元）			—	—
名称		单位	单价(元)	消耗量	
人工	综合工日	工日	140.00	0.100	0.100
材料	脱脂棉	kg	17.86	0.020	0.020

2.信号处理与放大设备安装、调试

工作内容：开箱检验、安装设备、连线、调试等。　　　　计量单位：台

定额编号				A5-5-15	A5-5-16	A5-5-17
项目名称				调音台		
				8/2以内	12+4/4/2以内	16+4/8/2以内
基价（元）				**310.54**	**703.08**	**1054.18**
其中	人工费（元）			308.00	700.00	1050.00
	材料费（元）			2.54	3.08	4.18
	机械费（元）			—	—	—
名称		单位	单价(元)	消耗量		
人工	综合工日	工日	140.00	2.200	5.000	7.500
材料	电缆卡子(综合)	个	0.27	8.080	10.100	14.140
	脱脂棉	kg	17.86	0.020	0.020	0.020

工作内容：开箱检验、安装设备、连线、调试等。 计量单位：台

定额编号				A5-5-18	A5-5-19
项目名称				调音台	
				24+2/4/2以内	32+4/8/2以内
基价（元）				1335.27	1756.36
其中	人工费（元）			1330.00	1750.00
	材料费（元）			5.27	6.36
	机械费（元）			—	—
名称		单位	单价(元)	消耗量	
人工	综合工日	工日	140.00	9.500	12.500
材料	电缆卡子(综合)	个	0.27	18.180	22.220
	脱脂棉	kg	17.86	0.020	0.020

工作内容：开箱检验、安装设备、连线、调试等。　　　　计量单位：台

定额编号				A5-5-20	A5-5-21	A5-5-22
项目名称				均衡器		
				双31段双15段	单31段	参数
基价（元）				99.58	50.04	50.04
其中	人工费（元）			98.00	49.00	49.00
	材料费（元）			1.58	1.04	1.04
	机械费（元）			—	—	—
名称		单位	单价(元)	消耗量		
人工	综合工日	工日	140.00	0.700	0.350	0.350
材料	镀锌螺栓 M5×25	套	0.34	2.020	2.020	2.020
	脱脂棉	kg	17.86	0.050	0.020	0.020

工作内容：开箱检验、安装设备、连线、调试等。　　　　计量单位：台

定额编号				A5-5-23	A5-5-24
项目名称				均衡器	
				双31段+20dB	双15段+20dB
				带限幅	隆噪带限幅
基价（元）				106.58	106.58
其中	人工费（元）			105.00	105.00
	材料费（元）			1.58	1.58
	机械费（元）			—	—
名称		单位	单价(元)	消耗量	
人工	综合工日	工日	140.00	0.750	0.750
材料	镀锌螺栓 M5×25	套	0.34	2.020	2.020
	脱脂棉	kg	17.86	0.050	0.050

工作内容：开箱检验、安装设备、连线、调试等。

计量单位：台

定额编号				A5-5-25	A5-5-26	A5-5-27
项目名称				压限器		
				单路压/限	双路压/限	四路压/限
				含噪声门		
基价（元）				50.04	106.58	212.47
其中	人工费（元）			49.00	105.00	210.00
	材料费（元）			1.04	1.58	2.47
	机械费（元）			—	—	—
名称		单位	单价(元)	消耗量		
人工	综合工日	工日	140.00	0.350	0.750	1.500
材料	镀锌螺栓 M5×25	套	0.34	2.020	2.020	2.020
	脱脂棉	kg	17.86	0.020	0.050	0.100

工作内容：开箱检验、安装设备、连线、调试等。　　　　　计量单位：台

定额编号				A5-5-28	A5-5-29	A5-5-30
项目名称				激励器	噪声门	
					超级双路	四路
基价（元）				106.58	106.58	211.58
其中	人工费（元）			105.00	105.00	210.00
	材料费（元）			1.58	1.58	1.58
	机械费（元）			—	—	—
名称		单位	单价（元）	消耗量		
人工	综合工日	工日	140.00	0.750	0.750	1.500
材料	镀锌螺栓 M5×25	套	0.34	2.020	2.020	2.020
	脱脂棉	kg	17.86	0.050	0.050	0.050

工作内容：开箱检验、安装设备、连线、调试等。　　计量单位：台

定额编号				A5-5-31	A5-5-32
项目名称				延时器	反馈抑制器
基价（元）				106.58	106.58
其中	人工费（元）			105.00	105.00
	材料费（元）			1.58	1.58
	机械费（元）			—	—
名称		单位	单价(元)	消耗量	
人工	综合工日	工日	140.00	0.750	0.750
材料	镀锌螺栓 M5×25	套	0.34	2.020	2.020
	脱脂棉	kg	17.86	0.050	0.050

工作内容：开箱检验、安装设备、连线、调试等。　　　　计量单位：台

定额编号				A5-5-33	A5-5-34
项目名称				功率放大器	
				双路入、双路出	桥接单路入、单路出
基价（元）				106.58	64.58
其中	人工费（元）			105.00	63.00
	材料费（元）			1.58	1.58
	机械费（元）			—	—
名称		单位	单价(元)	消耗量	
人工	综合工日	工日	140.00	0.750	0.450
材料	镀锌螺栓 M5×25	套	0.34	2.020	2.020
	脱脂棉	kg	17.86	0.050	0.050

工作内容：开箱检验、安装设备、连线、调试等。 计量单位：台

定额编号				A5-5-35	A5-5-36
项目名称				带前级功放	功放定压
基价（元）				106.58	106.58
其中	人工费（元）			105.00	105.00
	材料费（元）			1.58	1.58
	机械费（元）			—	—
名称		单位	单价(元)	消耗量	
人工	综合工日	工日	140.00	0.750	0.750
材料	镀锌螺栓 M5×25	套	0.34	2.020	2.020
	脱脂棉	kg	17.86	0.050	0.050

工作内容：开箱检验、安装设备、连线、调试等。　　　　计量单位：台

定额编号				A5-5-37	A5-5-38
项目名称				功放定压带	
				优先	分区输出
基价（元）				127.58	127.58
其中	人工费（元）			126.00	126.00
	材料费（元）			1.58	1.58
	机械费（元）			—	—
名称		单位	单价(元)	消耗量	
人工	综合工日	工日	140.00	0.900	0.900
材料	镀锌螺栓 M5×25	套	0.34	2.020	2.020
	脱脂棉	kg	17.86	0.050	0.050

工作内容：开箱检验、安装设备、连线、调试等。　　　　计量单位：台

定额编号				A5-5-39	A5-5-40	A5-5-41	A5-5-42
项目名称				降噪器	分配器	切换器	变调器
基价（元）				**106.58**	**106.58**	**106.58**	**106.58**
其中	人工费（元）			105.00	105.00	105.00	105.00
	材料费（元）			1.58	1.58	1.58	1.58
	机械费（元）			—	—	—	—
名称		单位	单价(元)	消耗量			
人工	综合工日	工日	140.00	0.750	0.750	0.750	0.750
材料	镀锌螺栓 M5×25	套	0.34	2.020	2.020	2.020	2.020
	脱脂棉	kg	17.86	0.050	0.050	0.050	0.050

工作内容：开箱检验、安装设备、连线、调试等。 计量单位：台

定额编号				A5-5-43	A5-5-44	A5-5-45
项目名称				数字音频信号处理器	分频器	效果器
基价（元）				391.27	106.58	36.58
其中	人工费（元）			385.00	105.00	35.00
	材料费（元）			1.58	1.58	1.58
	机械费（元）			4.69	—	—
名称		单位	单价（元）	消耗量		
人工	综合工日	工日	140.00	2.750	0.750	0.250
材料	镀锌螺栓 M5×25	套	0.34	2.020	2.020	2.020
	脱脂棉	kg	17.86	0.050	0.050	0.050
机械	笔记本电脑	台班	9.38	0.500	—	—

工作内容：开箱检验、安装设备、连线、调试等。　　　　　　　　　　　计量单位：台

定额编号				A5-5-46	A5-5-47
项目名称				阻抗匹配器	
				单路	多路
基价（元）				50.04	78.04
其中	人工费（元）			49.00	77.00
	材料费（元）			1.04	1.04
	机械费（元）			—	—
名称		单位	单价(元)	消耗量	
人工	综合工日	工日	140.00	0.350	0.550
材料	镀锌螺栓 M5×25	套	0.34	2.020	2.020
	脱脂棉	kg	17.86	0.020	0.020

工作内容：开箱检验、安装设备、连线、调试等。

计量单位：台

定额编号				A5-5-48	A5-5-49	A5-5-50
项目名称				继电器切换单元	数据接收单元	前置放大器传声器
基价（元）				**21.36**	**21.36**	**15.06**
其中	人工费（元）			21.00	21.00	14.00
	材料费（元）			0.36	0.36	1.06
	机械费（元）			—	—	—
名称		**单位**	**单价（元）**	**消耗量**		
人工	综合工日	工日	140.00	0.150	0.150	0.100
材料	镀锌螺栓 M5×25	套	0.34	—	—	2.020
	工业酒精 99.5%	kg	1.36	—	—	0.010
	脱脂棉	kg	17.86	0.020	0.020	0.020

工作内容：开箱检验、安装设备、连线、调试等。　　　　　　　　　　　　　　　　　　　　　计量单位：台

定额编号				A5-5-51	A5-5-52	A5-5-53	A5-5-54
项目名称				线路放大器	节目	分区	转接单元
					选择单元		
基价（元）				50.61	14.87	14.88	14.87
其中	人工费（元）			49.00	14.00	14.00	14.00
	材料费（元）			1.61	0.87	0.88	0.87
	机械费（元）			—	—	—	—
名称		单位	单价(元)	消耗量			
人工	综合工日	工日	140.00	0.350	0.100	0.100	0.100
材料	镀锌螺栓 M5×25	套	0.34	2.020	2.020	2.020	2.020
	工业酒精 99.5%	kg	1.36	0.020	0.005	0.010	0.005
	脱脂棉	kg	17.86	0.050	0.010	0.010	0.010

工作内容：开箱检验、安装设备、连线、调试等。　　　　　　　　计量单位：台

定额编号				A5-5-55	A5-5-56	A5-5-57
项目名称				音频矩阵切换器		
				8×8以内	16×16以内	32×32以内
基价（元）				113.76	211.94	492.49
其中	人工费（元）			112.00	210.00	490.00
	材料费（元）			1.76	1.94	2.49
	机械费（元）			—	—	—
名称		单位	单价(元)	消耗量		
人工	综合工日	工日	140.00	0.800	1.500	3.500
材料	镀锌螺栓 M5×25	套	0.34	4.080	4.080	4.080
	工业酒精 99.5%	kg	1.36	0.010	0.010	0.020
	脱脂棉	kg	17.86	0.020	0.030	0.060

工作内容：开箱检验、安装设备、连线、调试等。　　计量单位：台

定额编号				A5-5-58	A5-5-59	A5-5-60
项目名称				AV矩阵切换器、VGA矩阵切换器		
				8×8以内	16×16以内	32×32以内
基价（元）				128.65	422.83	703.38
其中	人工费（元）			126.00	420.00	700.00
	材料费（元）			1.76	1.94	2.49
	机械费（元）			0.89	0.89	0.89
名称		单位	单价(元)	消耗量		
人工	综合工日	工日	140.00	0.900	3.000	5.000
材料	镀锌螺栓 M5×25	套	0.34	4.080	4.080	4.080
	工业酒精 99.5%	kg	1.36	0.010	0.010	0.020
	脱脂棉	kg	17.86	0.020	0.030	0.060
机械	彩色监视器 14″	台班	4.47	0.200	0.200	0.200

工作内容：开箱检验、安装设备、连线、调试等。 计量单位：台

定额编号				A5-5-61	A5-5-62	A5-5-63
项目名称				定压变压器	节目定时器	监听检测盘
基价（元）				**56.87**	**57.06**	**70.88**
其中	人工费（元）			56.00	56.00	70.00
	材料费（元）			0.87	1.06	0.88
	机械费（元）			—	—	—
名称		**单位**	**单价(元)**	**消耗量**		
人工	综合工日	工日	140.00	0.400	0.400	0.500
材料	镀锌螺栓 M5×25	套	0.34	2.020	2.020	2.020
	工业酒精 99.5%	kg	1.36	0.005	0.010	0.010
	脱脂棉	kg	17.86	0.010	0.020	0.010

工作内容：开箱检验、安装设备、连线、调试等。 计量单位：台

定额编号				A5-5-64	A5-5-65	A5-5-66
项目名称				电源控制器	电源定时器 程序控制	风扇单元
基价（元）				43.07	57.07	28.69
其中	人工费（元）			42.00	56.00	28.00
	材料费（元）			1.07	1.07	0.69
	机械费（元）			—	—	—
名称		单位	单价(元)	消耗量		
人工	综合工日	工日	140.00	0.300	0.400	0.200
材料	镀锌螺栓 M5×25	套	0.34	2.020	2.020	2.020
	工业酒精 99.5%	kg	1.36	0.020	0.020	—
	脱脂棉	kg	17.86	0.020	0.020	—

工作内容：开箱检验、安装设备、连线、调试等。 计量单位：台

定额编号				A5-5-67	A5-5-68	A5-5-69
项目名称				媒体矩阵控制主机	影院解码器	监听功放
基价（元）				323.39	339.82	338.86
其中	人工费（元）			322.00	336.00	336.00
	材料费（元）			1.39	0.94	0.94
	机械费（元）			—	2.88	1.92
名称		单位	单价(元)	消耗量		
人工	综合工日	工日	140.00	2.300	2.400	2.400
材料	镀锌六角螺栓带帽 M8×30	套	0.37	—	2.020	2.020
	镀锌螺栓 M5×25	套	0.34	4.080	—	—
	工业酒精 99.5%	kg	1.36	—	0.010	0.010
	脱脂棉	kg	17.86	—	0.010	0.010
机械	示波器	台班	9.61	—	0.300	0.200

工作内容：开箱检验、安装设备、连线、调试等。　　计量单位：台

定额编号				A5-5-70	A5-5-71
项目名称				集中智能控制器	集中控制触摸屏
基价（元）				**566.33**	**353.25**
其中	人工费（元）			560.00	350.00
	材料费（元）			0.56	0.37
	机械费（元）			5.77	2.88
名称		**单位**	**单价(元)**	**消耗量**	
人工	综合工日	工日	140.00	4.000	2.500
材料	工业酒精 99.5%	kg	1.36	0.020	0.010
	脱脂棉	kg	17.86	0.030	0.020
机械	示波器	台班	9.61	0.600	0.300

工作内容：开箱检验、安装设备、连线、调试等。　　计量单位：个

定额编号				A5-5-72
项目名称				音量控制器
基价（元）				21.77
其中	人工费（元）			19.60
	材料费（元）			2.17
	机械费（元）			—
	名称	单位	单价（元）	消耗量
人工	综合工日	工日	140.00	0.140
材料	工业酒精 99.5%	kg	1.36	0.010
	焊锡丝	kg	54.10	0.030
	棉纱头	kg	6.00	0.030
	脱脂棉	kg	17.86	0.020

工作内容：开箱检验、安装设备、连线、调试等。　　　　　　　　　　　　　　　　　　　　计量单位：台

定　额　编　号				A5-5-73
项　目　名　称				音频工作站
基　　价（元）				583.56
其中	人　工　费（元）			420.00
	材　料　费（元）			0.56
	机　械　费（元）			163.00
名　　称		单位	单价(元)	消　耗　量
人工	综合工日	工日	140.00	3.000
材料	工业酒精 99.5%	kg	1.36	0.020
	脱脂棉	kg	17.86	0.030
机械	频谱分析仪	台班	266.00	0.500
	声源 B&K4224	台班	60.00	0.500

工作内容：开箱检查、设备上机柜组装、设备间输入/输出电平适配、设备间连接线的平衡非平衡选择、输出/输入阻抗适配、输入/输出端子插头连接线正负与地的辨别、供给电源等。

计量单位：台

定额编号				A5-5-74	A5-5-75
项目名称				滤波器	
				单通道1×24	单通道2×24
基价（元）				35.69	70.69
其中	人工费（元）			35.00	70.00
	材料费（元）			0.69	0.69
	机械费（元）			—	—
名称		单位	单价(元)	消耗量	
人工	综合工日	工日	140.00	0.250	0.500
材料	卡侬插头	个	—	(1.000)	(2.000)
	卡侬插座	个	—	(1.000)	(2.000)
	镀锌螺栓 M5×25	套	0.34	2.020	2.020

工作内容：开箱检查、设备上机柜组装、设备间输入/输出电平适配、设备间连接线的平衡非平衡选择、输出/输入阻抗适配、输入/输出端子插头连接线正负与地的辨别、供给电源等。

计量单位：台

定额编号				A5-5-76	A5-5-77	A5-5-78
项目名称				数字音频处理器		
				2×2	4×6	4×8
基价（元）				**70.69**	**175.69**	**210.69**
其中	人工费（元）			70.00	175.00	210.00
	材料费（元）			0.69	0.69	0.69
	机械费（元）			—	—	—
	名称	**单位**	**单价（元）**	**消耗量**		
人工	综合工日	工日	140.00	0.500	1.250	1.500
材料	卡侬插头	个	—	(2.000)	(4.000)	(4.000)
	卡侬插座	个	—	(2.000)	(6.000)	(8.000)
	镀锌螺栓 M5×25	套	0.34	2.020	2.020	2.020

工作内容：开箱检查、设备上机柜组装、设备间输入/输出电平适配、设备间连接线的平衡非平衡选择、输出/输入阻抗适配、输入/输出端子插头连接线正负与地的辨别、供给电源等。

计量单位：台

定额编号				A5-5-79
项目名称				硬件音频 媒体矩阵 8×8
基价（元）				281.39
其中	人工费（元）			280.00
	材料费（元）			1.39
	机械费（元）			—
名称		单位	单价（元）	消耗量
人工	综合工日	工日	140.00	2.000
材料	卡侬插头	个	—	(8.000)
	卡侬插座	个	—	(8.000)
	镀锌螺栓 M5×25	套	0.34	4.080

工作内容：开箱检查、设备上机柜组装、设备间输入/输出电平适配、设备间连接线的平衡非平衡选择、输出/输入阻抗适配、输入/输出端子插头连接线正负与地的辨别、供给电源等。

计量单位：台

定额编号					A5-5-80	A5-5-81
项目名称					网络数字音频界面	
					16×16	8×8
基价（元）					560.69	35.69
其中	人工费（元）				560.00	35.00
	材料费（元）				0.69	0.69
	机械费（元）				—	—
名称			单位	单价(元)	消耗量	
人工	综合工日		工日	140.00	4.000	0.250
材料	卡侬插头		个	—	(16.000)	—
	卡侬插座		个	—	(16.000)	—
	镀锌螺栓 M5×25		套	0.34	2.020	2.020

工作内容：开箱检查、设备上机柜组装、设备间输入/输出电平适配、设备间连接线的平衡非平衡选择、输出/输入阻抗适配、输入/输出端子插头连接线正负与地的辨别、供给电源等。

计量单位：台

定额编号				A5-5-82	A5-5-83
项目名称				网络音频媒体矩阵	
				32×32	256×256
基价（元）				141.39	1121.39
其中	人工费（元）			140.00	1120.00
	材料费（元）			1.39	1.39
	机械费（元）			—	—
名称		单位	单价(元)	消耗量	
人工	综合工日	工日	140.00	1.000	8.000
材料	镀锌螺栓 M5×25	套	0.34	4.080	4.080

工作内容：开箱检查、设备上机柜组装、设备间输入/输出电平适配、设备间连接线的平衡非平衡选择、输出/输入阻抗适配、输入/输出端子插头连接线正负与地的辨别、供给电源等。

计量单位：台

定额编号				A5-5-84
项目名称				功率放大器
基价（元）				70.69
其中	人工费（元）			70.00
	材料费（元）			0.69
	机械费（元）			—
名称		单位	单价(元)	消耗量
人工	综合工日	工日	140.00	0.500
材料	卡侬插头	个	—	(2.000)
	卡侬插座	个	—	(2.000)
	镀锌螺栓 M5×25	套	0.34	2.020

3.终端设备安装

工作内容：开箱检验、安装固定、接电缆、电源供电和其他辅助设备连接线、监听音响效果等。

计量单位：台

定额编号				A5-5-85	A5-5-86
项目名称				扬声器	
				草坪、室外	
				防烟雾、水下	号筒
基价（元）				22.41	28.21
其中	人工费（元）			21.00	28.00
	材料费（元）			1.41	0.21
	机械费（元）			—	—
名称		单位	单价(元)	消耗量	
人工	综合工日	工日	140.00	0.150	0.200
材料	冲击钻头 ф12	个	6.75	0.040	—
	镀锌铁丝 14号	kg	3.57	—	0.025
	棉纱头	kg	6.00	0.020	0.020
	膨胀螺栓 M10	套	0.25	4.080	—

工作内容：开箱检验、安装固定、接电缆、电源供电和其他辅助设备连接线、监听音响效果等。

计量单位：台

定额编号				A5-5-87
项目名称				扬声器 投射式、镜框式 墙上、天花板 安装
基价（元）				12.56
其中	人工费（元）			11.20
	材料费（元）			1.36
	机械费（元）			—
名称		单位	单价(元)	消耗量
人工	综合工日	工日	140.00	0.080
材料	冲击钻头 Φ8	个	5.38	0.040
	棉纱头	kg	6.00	0.020
	膨胀螺栓 M8	套	0.25	4.080

工作内容：开箱检验、安装固定、接电缆、电源供电和其他辅助设备连接线、监听音响效果等。

计量单位：台

定额编号				A5-5-88
项目名称				音柱
基价（元）				36.12
其中	人工费（元）			28.00
	材料费（元）			2.12
	机械费（元）			6.00
名称		单位	单价(元)	消耗量
人工	综合工日	工日	140.00	0.200
材料	冲击钻头 ф12	个	6.75	0.060
	棉纱头	kg	6.00	0.030
	膨胀螺栓 M10	套	0.25	6.120
机械	声源 B&K4224	台班	60.00	0.100

工作内容：开箱检验、安装固定、接电缆、电源供电和其他辅助设备连接线、监听音响效果等。

计量单位：台

定额编号				A5-5-89	A5-5-90	A5-5-91	A5-5-92
项目名称				音箱吊装			音箱嵌入安装
				5kg以下	10kg以下	20kg以上	
基价（元）				131.63	188.37	230.37	181.63
其中	人工费（元）			112.00	168.00	210.00	168.00
	材料费（元）			1.63	2.37	2.37	1.63
	机械费（元）			18.00	18.00	18.00	12.00
名称		单位	单价(元)	消耗量			
人工	综合工日	工日	140.00	0.800	1.200	1.500	1.200
材料	镀锌六角螺栓带帽 M8×30	套	0.37	4.080	6.080	6.080	4.080
	棉纱头	kg	6.00	0.020	0.020	0.020	0.020
机械	声源 B&K4224	台班	60.00	0.300	0.300	0.300	0.200

工作内容：开箱检验、安装固定、接电缆、电源供电和其他辅助设备连接线、监听音响效果等。

计量单位：台

定额编号				A5-5-93	A5-5-94
项目名称				吸顶音箱	
				3kg以下	3kg以上
基价（元）				19.12	33.74
其中	人工费（元）			7.00	21.00
	材料费（元）			0.12	0.74
	机械费（元）			12.00	12.00
名称		单位	单价(元)	消耗量	
人工	综合工日	工日	140.00	0.050	0.150
材料	冲击钻头 Φ8	个	5.38	—	0.020
	棉纱头	kg	6.00	0.020	0.020
	膨胀螺栓 M8	套	0.25	—	2.040
机械	声源 B&K4224	台班	60.00	0.200	0.200

工作内容：开箱检验、安装固定、接电缆、电源供电和其他辅助设备连接线、监听音响效果等。

计量单位：台

定额编号				A5-5-95	A5-5-96	A5-5-97
项目名称				音箱		
				PDP	台式	壁式
基价（元）				153.30	83.30	48.30
其中	人工费（元）			140.00	70.00	35.00
	材料费（元）			1.30	1.30	1.30
	机械费（元）			12.00	12.00	12.00
名称		单位	单价(元)	消耗量		
人工	综合工日	工日	140.00	1.000	0.500	0.250
材料	冲击钻头 ф8	个	5.38	0.040	0.040	0.040
	棉纱头	kg	6.00	0.010	0.010	0.010
	膨胀螺栓 M8	套	0.25	4.080	4.080	4.080
机械	声源 B&K4224	台班	60.00	0.200	0.200	0.200

工作内容：开箱检验、安装固定、接电缆、电源供电和其他辅助设备连接线、监听音响效果等。

计量单位：台

定额编号				A5-5-98	A5-5-99	A5-5-100
项目名称				PDP50″以内		扬声器立杆
				砖墙吊装	倾斜吊装	
基价（元）				143.35	171.35	71.65
其中	人工费（元）			140.00	168.00	70.00
	材料费（元）			1.65	1.65	1.65
	机械费（元）			1.70	1.70	—
名称		单位	单价(元)	消耗量		
人工	综合工日	工日	140.00	1.000	1.200	0.500
材料	冲击钻头 Φ12	个	6.75	0.040	0.040	0.040
	膨胀螺栓 M10	套	0.25	4.080	4.080	4.080
	脱脂棉	kg	17.86	0.020	0.020	0.020
机械	图像信号发生器	台班	5.67	0.300	0.300	—

4. 系统调试

工作内容：开箱检查设备外观和阻抗、找相位、按设计坐标方位悬挂。　　计量单位：系统

定额编号				A5-5-101	A5-5-102
项目名称				100个点以下	每增加50个点
基价（元）				**1704.69**	**686.95**
其中	人工费（元）			1120.00	420.00
	材料费（元）			0.60	0.21
	机械费（元）			584.09	266.74
名称		单位	单价(元)	消耗量	
人工	综合工日	工日	140.00	8.000	3.000
材料	工业酒精 99.5%	kg	1.36	0.050	0.020
	脱脂棉	kg	17.86	0.030	0.010
机械	笔记本电脑	台班	9.38	1.000	1.000
	对讲机(一对)	台班	4.19	3.000	1.500
	建筑声学测量仪 B&K4418	台班	128.07	2.000	1.000
	声级计	台班	3.00	2.000	1.000
	声源 B&K4224	台班	60.00	5.000	2.000

注：系统调试以终端扬声器、音箱的个数作为"点"数量。

5. 系统试运行

工作内容：测试各项技术指标的稳定性、可靠性，一个月内试运行不少于5次，每次3h，记录运行报告。

计量单位：系统

定额编号				A5-5-103
项目名称				音响系统试运行
基价（元）				2129.89
其中	人工费（元）			2100.00
	材料费（元）			1.75
	机械费（元）			28.14
名称		单位	单价（元）	消耗量
人工	综合工日	工日	140.00	15.000
材料	打印纸 A4	包	17.50	0.100
机械	笔记本电脑	台班	9.38	3.000

二、背景音乐系统设备安装、调试

1. 设备安装

工作内容：开箱检查、设备间联线、设备上机柜组装、设备间输入/输出电瓶优选配接、设备间输入/输出阻抗优选配接、供给电源。

计量单位：台

定额编号				A5-5-104	A5-5-105	A5-5-106
项目名称				AM/FM数字调谐器	数控网络广播CD机	电话耦合器
基价（元）				72.80	72.80	17.50
其中	人工费（元）			70.00	70.00	14.00
	材料费（元）			2.30	2.30	3.00
	机械费（元）			0.50	0.50	0.50
名称		单位	单价（元）	消耗量		
人工	综合工日	工日	140.00	0.500	0.500	0.100
材料	其他材料费	元	1.00	2.300	2.300	3.000
机械	其他机具费	元	1.00	0.500	0.500	0.500

工作内容：开箱检查、设备间联线、设备上机柜组装、设备间输入/输出电瓶优选配接、设备间输入/输出阻抗优选配接、供给电源。

计量单位：台

定额编号				A5-5-107	A5-5-108
项目名称				分区遥控 传声器呼叫站	钟声模块 辅助模块
基价（元）				75.50	17.50
其中	人工费（元）			70.00	14.00
	材料费（元）			5.00	3.00
	机械费（元）			0.50	0.50
名称		单位	单价(元)	消耗量	
人工	综合工日	工日	140.00	0.500	0.100
材料	其他材料费	元	1.00	5.000	3.000
机械	其他机具费	元	1.00	0.500	0.500

工作内容：开箱检查、设备间联线、设备上机柜组装、设备间输入/输出电瓶优选配接、设备间输入/输出阻抗优选配接、供给电源。

计量单位：个

定额编号				A5-5-109	A5-5-110	A5-5-111
项目名称				模块安装	直流电源模块	多功能(模块)机箱
基价（元）				16.80	14.50	142.80
其中	人工费（元）			14.00	14.00	140.00
	材料费（元）			2.30	—	2.30
	机械费（元）			0.50	0.50	0.50
名称		单位	单价(元)	消耗量		
人工	综合工日	工日	140.00	0.100	0.100	1.000
材料	其他材料费	元	1.00	2.300	—	2.300
机械	其他机具费	元	1.00	0.500	0.500	0.500

工作内容：开箱检查、设备间联线、设备上机柜组装、设备间输入/输出电瓶优选配接、设备间输入/输出阻抗优选配接、供给电源。

计量单位：台

定额编号				A5-5-112	A5-5-113
项目名称				编程控制器	混音器
基价（元）				143.50	143.50
其中	人工费（元）			140.00	140.00
	材料费（元）			3.00	3.00
	机械费（元）			0.50	0.50
	名称	单位	单价(元)	消耗量	
人工	综合工日	工日	140.00	1.000	1.000
材料	其他材料费	元	1.00	3.000	3.000
机械	其他机具费	元	1.00	0.500	0.500

工作内容：开箱检查、设备间联线、设备上机柜组装、设备间输入/输出电瓶优选配接、设备间输入/输出阻抗优选配接、供给电源。

计量单位：台

定额编号				A5-5-114	A5-5-115
项目名称				紧急广播	负载
				切换器	
基价（元）				75.50	73.50
其中	人工费（元）			70.00	70.00
	材料费（元）			5.00	3.00
	机械费（元）			0.50	0.50
名称		单位	单价(元)	消耗量	
人工	综合工日	工日	140.00	0.500	0.500
材料	其他材料费	元	1.00	5.000	3.000
机械	其他机具费	元	1.00	0.500	0.500

工作内容：开箱检查、设备间联线、设备上机柜组装、设备间输入/输出电瓶优选配接、设备间输入/输出阻抗优选配接、供给电源。

计量单位：台

定额编号				A5-5-116	A5-5-117
项目名称				主电源	紧急电源
				控制器	充电器
基价（元）				73.50	73.50
其中	人工费（元）			70.00	70.00
	材料费（元）			3.00	3.00
	机械费（元）			0.50	0.50
名称		单位	单价(元)	消耗量	
人工	综合工日	工日	140.00	0.500	0.500
材料	其他材料费	元	1.00	3.000	3.000
机械	其他机具费	元	1.00	0.500	0.500

工作内容：开箱检查、设备间联线、设备上机柜组装、设备间输入/输出电瓶优选配接、设备间输入/输出阻抗优选配接、供给电源。

计量单位：台

定额编号				A5-5-118	A5-5-119
项目名称				镍氢(镉)电池组 24V/7A·h	24V直流电源 控制器
基价（元）				35.50	72.00
其中	人工费（元）			35.00	70.00
	材料费（元）			—	1.50
	机械费（元）			0.50	0.50
名称		单位	单价(元)	消耗量	
人工	综合工日	工日	140.00	0.250	0.500
材料	其他材料费	元	1.00	—	1.500
机械	其他机具费	元	1.00	0.500	0.500

工作内容：开箱检查、设备间联线、设备上机柜组装、设备间输入/输出电瓶优选配接、设备间输入/输出阻抗优选配接、供给电源。

计量单位：台

定额编号				A5-5-120	A5-5-121
项目名称				监听盘功放工作	机柜通风散热装置
基价（元）				40.50	36.50
其中	人工费（元）			35.00	35.00
	材料费（元）			5.00	1.00
	机械费（元）			0.50	0.50
名称		单位	单价(元)	消耗量	
人工	综合工日	工日	140.00	0.250	0.250
材料	其他材料费	元	1.00	5.000	1.000
机械	其他机具费	元	1.00	0.500	0.500

工作内容：开箱检查、设备间联线、设备上机柜组装、设备间输入/输出电瓶优选配接、设备间输入/输出阻抗优选配接、供给电源。

计量单位：台

定额编号				A5-5-122	A5-5-123
项目名称				线路故障检测盘	数控网络广播控制器
基价（元）				143.50	143.50
其中	人工费（元）			140.00	140.00
	材料费（元）			3.00	3.00
	机械费（元）			0.50	0.50
名称		单位	单价(元)	消耗量	
人工	综合工日	工日	140.00	1.000	1.000
材料	其他材料费	元	1.00	3.000	3.000
机械	其他机具费	元	1.00	0.500	0.500

工作内容：开箱检查、设备间联线、设备上机柜组装、设备间输入/输出电瓶优选配接、设备间输入/输出阻抗优选配接、供给电源。

计量单位：台

定额编号				A5-5-124	A5-5-125
项目名称				网络广播	
				信号选择分配器	音频处理器
基价（元）				143.50	143.50
其中	人工费（元）			140.00	140.00
	材料费（元）			3.00	3.00
	机械费（元）			0.50	0.50
名称		单位	单价(元)	消耗量	
人工	综合工日	工日	140.00	1.000	1.000
材料	其他材料费	元	1.00	3.000	3.000
机械	其他机具费	元	1.00	0.500	0.500

工作内容：开箱检查、设备间联线、设备上机柜组装、设备间输入/输出电瓶优选配接、设备间输入/输出阻抗优选配接、供给电源。

计量单位：台

定额编号				A5-5-126	A5-5-127
项目名称				远程呼叫站 控制器	数控网络广播 终端机
基价（元）				72.50	108.50
其中	人工费（元）			70.00	105.00
	材料费（元）			2.00	3.00
	机械费（元）			0.50	0.50
名称		单位	单价(元)	消耗量	
人工	综合工日	工日	140.00	0.500	0.750
材料	其他材料费	元	1.00	2.000	3.000
机械	其他机具费	元	1.00	0.500	0.500

工作内容：开箱检查、设备间联线、设备上机柜组装、设备间输入/输出电瓶优选配接、设备间输入/输出阻抗优选配接、供给电源。

计量单位：台

定额编号				A5-5-128	A5-5-129	A5-5-130
项目名称				数控网络广播		
				线路		线路中断
				分配器	分支器	放大器
基价（元）				72.50	71.50	106.50
其中	人工费（元）			70.00	70.00	105.00
	材料费（元）			2.00	1.00	1.00
	机械费（元）			0.50	0.50	0.50
名称		单位	单价(元)	消耗量		
人工	综合工日	工日	140.00	0.500	0.500	0.750
材料	其他材料费	元	1.00	2.000	1.000	1.000
机械	其他机具费	元	1.00	0.500	0.500	0.500

工作内容：开箱检查、设备间联线、设备上机柜组装、设备间输入/输出电瓶优选配接、设备间输入/输出阻抗优选配接、供给电源。

计量单位：台

定额编号				A5-5-131	A5-5-132
项目名称				RS232-RS485信号转换器	数控网络广播电源管理器
基价（元）				35.50	106.50
其中	人工费（元）			35.00	105.00
	材料费（元）			—	1.00
	机械费（元）			0.50	0.50
名称		单位	单价(元)	消耗量	
人工	综合工日	工日	140.00	0.250	0.750
材料	其他材料费	元	1.00	—	1.000
机械	其他机具费	元	1.00	0.500	0.500

工作内容：开箱检查、设备间联线、设备上机柜组装、设备间输入/输出电瓶优选配接、设备间输入/输出阻抗优选配接、供给电源。

计量单位：台

定额编号				A5-5-133	A5-5-134
项目名称				媒体矩阵主机	寻呼矩阵控制器
基价（元）				144.50	141.50
其中	人工费（元）			140.00	140.00
	材料费（元）			4.00	1.00
	机械费（元）			0.50	0.50
名称		单位	单价(元)	消耗量	
人工	综合工日	工日	140.00	1.000	1.000
材料	其他材料费	元	1.00	4.000	1.000
机械	其他机具费	元	1.00	0.500	0.500

工作内容：开箱检查、设备间联线、设备上机柜组装、设备间输入/输出电瓶优选配接、设备间输入/输出阻抗优选配接、供给电源。

计量单位：台

定额编号				A5-5-135	A5-5-136
项目名称				四键	十键
				寻呼站	
基价（元）				71.50	110.50
其中	人工费（元）			70.00	105.00
	材料费（元）			1.00	5.00
	机械费（元）			0.50	0.50
名称		单位	单价(元)	消耗量	
人工	综合工日	工日	140.00	0.500	0.750
材料	其他材料费	元	1.00	1.000	5.000
机械	其他机具费	元	1.00	0.500	0.500

工作内容：开箱检查、设备间联线、设备上机柜组装、设备间输入/输出电瓶优选配接、设备间输入/输出阻抗优选配接、供给电源。

计量单位：台

定额编号				A5-5-137	A5-5-138
项目名称				输入/输出接口机	
				8路	16路
基价（元）				145.50	285.50
其中	人工费（元）			140.00	280.00
	材料费（元）			5.00	5.00
	机械费（元）			0.50	0.50
名称		单位	单价（元）	消耗量	
人工	综合工日	工日	140.00	1.000	2.000
材料	其他材料费	元	1.00	5.000	5.000
机械	其他机具费	元	1.00	0.500	0.500

工作内容：开箱检查、设备间联线、设备上机柜组装、设备间输入/输出电瓶优选配接、设备间输入/输出阻抗优选配接、供给电源。

计量单位：台

定额编号				A5-5-139
项目名称				带紧急呼叫的客房电器集控板
基价（元）				61.50
其中	人工费（元）			56.00
	材料费（元）			5.00
	机械费（元）			0.50
名称		单位	单价（元）	消耗量
人工	综合工日	工日	140.00	0.400
材料	其他材料费	元	1.00	5.000
机械	其他机具费	元	1.00	0.500

2. 背景音乐兼紧急广播设备调试

工作内容：对于广播系统中采用的设备使用功能进行测试和调整。　　计量单位：个

定　额　编　号				A5-5-140
项　目　名　称				设备使用功能数
基　　价（元）				283.11
其中	人　工　费（元）			280.00
	材　料　费（元）			—
	机　械　费（元）			3.11
名　　称		单位	单价(元)	消　耗　量
人工	综合工日	工日	140.00	2.000
机械	低频信号发生器	台班	5.95	0.200
	示波器	台班	9.61	0.200

三、会议(视频)系统设备安装、调试

1. 会议专用设备安装

工作内容：搬运、开箱、检查设备、定位、安装。

计量单位：台

定额编号				A5-5-141	A5-5-142	A5-5-143
项目名称				会议主控机	主席机	
					移动型	嵌入型
基价（元）				142.50	72.50	108.50
其中	人工费（元）			140.00	70.00	105.00
	材料费（元）			2.00	2.00	3.00
	机械费（元）			0.50	0.50	0.50
名称		单位	单价(元)	消耗量		
人工	综合工日	工日	140.00	1.000	0.500	0.750
材料	其他材料费	元	1.00	2.000	2.000	3.000
机械	其他机具费	元	1.00	0.500	0.500	0.500

工作内容：搬运、开箱、检查设备、定位、安装。　　　　计量单位：台

定额编号				A5-5-144	A5-5-145	A5-5-146
项目名称				代表机		表决单元
				移动型	嵌入型	
基价（元）				72.50	108.50	30.50
其中	人工费（元）			70.00	105.00	28.00
	材料费（元）			2.00	3.00	2.00
	机械费（元）			0.50	0.50	0.50
名称		单位	单价（元）	消耗量		
人工	综合工日	工日	140.00	0.500	0.750	0.200
材料	其他材料费	元	1.00	2.000	3.000	2.000
机械	其他机具费	元	1.00	0.500	0.500	0.500

工作内容：搬运、开箱、检查设备、定位、安装。　　　　计量单位：台

定额编号				A5-5-147	A5-5-148	A5-5-149
项目名称				多语种译员机	译员话筒	耳机译员、轻便
基价（元）				**71.50**	**29.50**	**15.50**
其中	人工费（元）			70.00	28.00	14.00
	材料费（元）			1.00	1.00	1.00
	机械费（元）			0.50	0.50	0.50
名称		**单位**	**单价(元)**	**消耗量**		
人工	综合工日	工日	140.00	0.500	0.200	0.100
材料	其他材料费	元	1.00	1.000	1.000	1.000
机械	其他机具费	元	1.00	0.500	0.500	0.500

工作内容：搬运、开箱、检查设备、定位、安装。　　　　计量单位：台

定额编号				A5-5-150	A5-5-151	A5-5-152	A5-5-153
项目名称				红外			
				发射机	辐射板	接收机	充电器
基价（元）				15.50	219.00	16.50	16.80
其中	人工费（元）			14.00	210.00	14.00	16.80
	材料费（元）			1.00	5.00	2.00	—
	机械费（元）			0.50	4.00	0.50	—
名称		单位	单价(元)	消耗量			
人工	综合工日	工日	140.00	0.100	1.500	0.100	0.120
材料	其他材料费	元	1.00	1.000	5.000	2.000	—
机械	其他机具费	元	1.00	0.500	4.000	0.500	—

工作内容：搬运、开箱、检查设备、定位、安装。　　　　　　　　　　　　　　　　　　计量单位：台

定额编号				A5-5-154	A5-5-155
项目名称				电子通道选择器	音频媒体接口机
基价（元）				**36.50**	**37.50**
其中	人工费（元）			35.00	35.00
	材料费（元）			1.00	2.00
	机械费（元）			0.50	0.50
名称		**单位**	**单价（元）**	**消耗量**	
人工	综合工日	工日	140.00	0.250	0.250
材料	其他材料费	元	1.00	1.000	2.000
机械	其他机具费	元	1.00	0.500	0.500

工作内容：搬运、开箱、检查设备、定位、安装。　　　　计量单位：台

定额编号				A5-5-156	A5-5-157	A5-5-158
项目名称				发卡主机	发卡器	读卡器
基价（元）				**37.50**	**36.50**	**36.50**
其中	人工费（元）			35.00	35.00	35.00
	材料费（元）			2.00	1.00	1.00
	机械费（元）			0.50	0.50	0.50
名称		**单位**	**单价(元)**	**消耗量**		
人工	综合工日	工日	140.00	0.250	0.250	0.250
材料	其他材料费	元	1.00	2.000	1.000	1.000
机械	其他机具费	元	1.00	0.500	0.500	0.500

工作内容：搬运、开箱、检查设备、定位、安装。　　　　计量单位：台

定额编号				A5-5-159	A5-5-160
项目名称				席位扩展单元	无线接收器
基价（元）				36.50	28.50
其中	人工费（元）			35.00	28.00
	材料费（元）			1.00	0.50
	机械费（元）			0.50	—
名称		单位	单价(元)	消耗量	
人工	综合工日	工日	140.00	0.250	0.200
材料	其他材料费	元	1.00	1.000	0.500
机械	其他机具费	元	1.00	0.500	—

2. 会议电视设备安装、调试

工作内容：开箱检查、安装机架、装配机盘及附件、控制主机及联网后软件与硬件调试，功能验证。

计量单位：台

定额编号				A5-5-161	A5-5-162
项目名称				安装、调试会议电视/多点控制器	
				≤24端口	≤32端口
基价（元）				955.36	1607.45
其中	人工费（元）			910.00	1540.00
	材料费（元）			1.18	1.18
	机械费（元）			44.18	66.27
名称		单位	单价(元)	消耗量	
人工	综合工日	工日	140.00	6.500	11.000
材料	镀锌六角螺栓带帽 M6×25	套	0.26	4.080	4.080
	棉纱头	kg	6.00	0.020	0.020
机械	电视信号发生器	台班	8.29	2.000	3.000
	对讲机(一对)	台班	4.19	2.000	3.000
	示波器	台班	9.61	2.000	3.000

工作内容：开箱检查、安装机架、装配机盘及附件、控制主机及联网后软件与硬件调试，功能验证。

计量单位：台

定额编号				A5-5-163
项目名称				编解码器
基价（元）				284.87
其中	人工费（元）			280.00
	材料费（元）			0.06
	机械费（元）			4.81
名称		单位	单价（元）	消耗量
人工	综合工日	工日	140.00	2.000
材料	棉纱头	kg	6.00	0.010
机械	示波器	台班	9.61	0.500

3. 会议同传翻译设备安装、调试

工作内容：开箱检查、安装设备、接线、调试、功能检测。　　　　计量单位：台

定额编号				A5-5-164	A5-5-165
项目名称				同声传译机	耳罩式带麦克风耳机
基价（元）				219.80	21.19
其中	人工费（元）			210.00	21.00
	材料费（元）			0.19	0.19
	机械费（元）			9.61	—
名称		单位	单价(元)	消耗量	
人工	综合工日	工日	140.00	1.500	0.150
材料	工业酒精 99.5%	kg	1.36	0.010	0.010
	脱脂棉	kg	17.86	0.010	0.010
机械	示波器	台班	9.61	1.000	—

4. 会议视频设备安装

工作内容：开箱检验、固定、安装、接线、通电检查、调试。　　　　计量单位：台

定额编号				A5-5-166	A5-5-167
项目名称				流媒体会议直播机	流媒体课程直录/播机
基价（元）				173.00	201.00
其中	人工费（元）			168.00	196.00
	材料费（元）			5.00	5.00
	机械费（元）			—	—
名称		单位	单价(元)	消耗量	
人工	综合工日	工日	140.00	1.200	1.400
材料	其他材料费	元	1.00	5.000	5.000

5. 信号采集设备安装

工作内容：搬运、开箱检查、清点设备、定位、打孔、安装、连线、通电检查、清理现场。

计量单位：台

定额编号				A5-5-168	A5-5-169	A5-5-170
项目名称				投影仪	幻灯机	展示台
基价（元）				29.86	70.93	70.00
其中	人工费（元）			28.00	70.00	70.00
	材料费（元）			1.86	0.93	—
	机械费（元）			—	—	—
名称		单位	单价(元)	消耗量		
人工	综合工日	工日	140.00	0.200	0.500	0.500
材料	其他材料费	元	1.00	1.860	0.930	—

工作内容：开箱检验、零部件配套、通电检查、调试。

计量单位：套

定额编号				A5-5-171	A5-5-172	A5-5-173	A5-5-174
项目名称				电子白板			
				便捷式	后投影式	前投影式	等离子式
基价（元）				142.45	283.95	353.45	285.45
其中	人工费（元）			140.00	280.00	350.00	280.00
	材料费（元）			2.00	3.50	3.00	5.00
	机械费（元）			0.45	0.45	0.45	0.45
名称		单位	单价(元)	消耗量			
人工	综合工日	工日	140.00	1.000	2.000	2.500	2.000
材料	其他材料费	元	1.00	2.000	3.500	3.000	5.000
机械	彩色监视器 14″	台班	4.47	0.100	0.100	0.100	0.100

工作内容：开箱检验、零部件配套、通电检查、调试。　　　　计量单位：套

定额编号				A5-5-175	A5-5-176	A5-5-177	A5-5-178
项目名称				电子白板			
				普通	复印	手写书写板	液晶书写屏
基价（元）				144.34	214.84	73.24	285.74
其中	人工费（元）			140.00	210.00	70.00	280.00
	材料费（元）			3.00	3.50	1.00	3.50
	机械费（元）			1.34	1.34	2.24	2.24
名称		单位	单价(元)	消耗量			
人工	综合工日	工日	140.00	1.000	1.500	0.500	2.000
材料	其他材料费	元	1.00	3.000	3.500	1.000	3.500
机械	彩色监视器 14″	台班	4.47	0.300	0.300	0.500	0.500

6.信号处理设备安装

工作内容：搬运、开箱检验、清点设备、定位、安装视频电缆、安装地线、编号、标记、扎线、查通、通电检查、清理现场。

计量单位：台

定额编号				A5-5-179	A5-5-180	A5-5-181
项目名称				视频矩阵		
				4×4	8×4	8×8
基价（元）				150.35	224.17	298.00
其中	人工费（元）			140.00	210.00	280.00
	材料费（元）			2.69	2.69	2.69
	机械费（元）			7.66	11.48	15.31
名称		单位	单价（元）	消耗量		
人工	综合工日	工日	140.00	1.000	1.500	2.000
材料	莲花插头	个	—	(8.000)	(12.000)	(16.000)
	镀锌螺栓 M5×25	套	0.34	2.020	2.020	2.020
	其他材料费	元	1.00	2.000	2.000	2.000
机械	彩色监视器 14″	台班	4.47	0.600	0.900	1.200
	电视信号发生器	台班	8.29	0.600	0.900	1.200

工作内容：搬运、开箱检验、清点设备、定位、安装视频电缆、安装地线、编号、标记、扎线、查通、通电检查、清理现场。

计量单位：台

定额编号				A5-5-182	A5-5-183	A5-5-184
项目名称				视/音频(AV)矩阵		
				4×4	8×4	8×8
基价（元）				298.00	445.66	594.01
其中	人工费（元）			280.00	420.00	560.00
	材料费（元）			2.69	2.69	3.39
	机械费（元）			15.31	22.97	30.62
名称		单位	单价(元)	消耗量		
人工	综合工日	工日	140.00	2.000	3.000	4.000
材料	莲花插头	个	—	(24.000)	(36.000)	(48.000)
	镀锌螺栓 M5×25	套	0.34	2.020	2.020	4.080
	其他材料费	元	1.00	2.000	2.000	2.000
机械	彩色监视器 14″	台班	4.47	1.200	1.800	2.400
	电视信号发生器	台班	8.29	1.200	1.800	2.400

工作内容：搬运、开箱检验、清点设备、定位、安装视频电缆、安装地线、编号、标记、扎线、查通、通电检查、清理现场。

计量单位：台

定额编号				A5-5-185	A5-5-186	A5-5-187
项目名称				VGA矩阵		
				4×4	8×4	8×8
基价（元）				**740.97**	**1110.11**	**1479.25**
其中	人工费（元）			700.00	1050.00	1400.00
	材料费（元）			2.69	2.69	2.69
	机械费（元）			38.28	57.42	76.56
名称		单位	单价(元)	消耗量		
人工	综合工日	工日	140.00	5.000	7.500	10.000
材料	VGA插头	个	—	(8.000)	(12.000)	(16.000)
	镀锌螺栓 M5×25	套	0.34	2.020	2.020	2.020
	其他材料费	元	1.00	2.000	2.000	2.000
机械	彩色监视器 14″	台班	4.47	3.000	4.500	6.000
	电视信号发生器	台班	8.29	3.000	4.500	6.000

工作内容：搬运、开箱检验、清点设备、定位、安装视频电缆、安装地线、编号、标记、扎线、查通、通电检查、清理现场。

计量单位：台

定额编号				A5-5-188	A5-5-189	A5-5-190
项目名称				组合矩阵(VGA+Audio)		
				4×4	8×4	8×8
基价（元）				888.63	1331.59	1774.56
其中	人工费（元）			840.00	1260.00	1680.00
	材料费（元）			2.69	2.69	2.69
	机械费（元）			45.94	68.90	91.87
名称		单位	单价(元)	消耗量		
人工	综合工日	工日	140.00	6.000	9.000	12.000
材料	BNC插头	个	—	(48.000)	(72.000)	(96.000)
	镀锌螺栓 M5×25	套	0.34	2.020	2.020	2.020
	其他材料费	元	1.00	2.000	2.000	2.000
机械	彩色监视器 14″	台班	4.47	3.600	5.400	7.200
	电视信号发生器	台班	8.29	3.600	5.400	7.200

工作内容：搬运、开箱检验、清点设备、定位、安装视频电缆、安装地线、编号、标记、扎线、查通、通电检查、清理现场。

计量单位：台

定额编号				A5-5-191	A5-5-192
项目名称				视频分配放大器	
				1×4	1×8
基价（元）				90.89	160.89
其中	人工费（元）			88.20	158.20
	材料费（元）			2.69	2.69
	机械费（元）			—	—
名称		单位	单价(元)	消耗量	
人工	综合工日	工日	140.00	0.630	1.130
材料	莲花插头	个	—	(5.000)	(9.000)
	镀锌螺栓 M5×25	套	0.34	2.020	2.020
	其他材料费	元	1.00	2.000	2.000

工作内容：搬运、开箱检验、清点设备、定位、安装视频电缆、安装地线、编号、标记、扎线、查通、通电检查、清理现场。

计量单位：台

定额编号				A5-5-193	A5-5-194
项目名称				视/音频分配放大器	
				1×4	1×8
基价（元）				177.69	317.69
其中	人工费（元）			175.00	315.00
	材料费（元）			2.69	2.69
	机械费（元）			—	—
名称		单位	单价(元)	消耗量	
人工	综合工日	工日	140.00	1.250	2.250
材料	莲花插头	个	—	(10.000)	(18.000)
	镀锌螺栓 M5×25	套	0.34	2.020	2.020
	其他材料费	元	1.00	2.000	2.000

工作内容：搬运、开箱检验、清点设备、定位、安装视频电缆、安装地线、编号、标记、扎线、查通、通电检查、清理现场。

计量单位：台

定额编号				A5-5-195	A5-5-196
项目名称				VGA分配放大器	
				1×4	1×8
基价（元）				440.20	790.20
其中	人工费（元）			438.20	788.20
	材料费（元）			2.00	2.00
	机械费（元）			—	—
名称		单位	单价（元）	消耗量	
人工	综合工日	工日	140.00	3.130	5.630
材料	VGA插头	个	—	(5.000)	(9.000)
	其他材料费	元	1.00	2.000	2.000

工作内容：搬运、开箱检验、清点设备、定位、安装视频电缆、安装地线、编号、标记、扎线、查通、通电检查、清理现场。

计量单位：台

定额编号				A5-5-197	A5-5-198
项目名称				视频切换器	
				4×1	8×1
基价（元）				90.20	160.20
其中	人工费（元）			88.20	158.20
	材料费（元）			2.00	2.00
	机械费（元）			—	—
名称		单位	单价(元)	消耗量	
人工	综合工日	工日	140.00	0.630	1.130
材料	莲花插头	个	—	(5.000)	(9.000)
	其他材料费	元	1.00	2.000	2.000

工作内容：搬运、开箱检验、清点设备、定位、安装视频电缆、安装地线、编号、标记、扎线、查通、通电检查、清理现场。

计量单位：台

定额编号				A5-5-199	A5-5-200
项目名称				视/音频分切换器	
				4×1	8×1
基价（元）				177.00	317.00
其中	人工费（元）			175.00	315.00
	材料费（元）			2.00	2.00
	机械费（元）			—	—
名称		单位	单价（元）	消耗量	
人工	综合工日	工日	140.00	1.250	2.250
材料	莲花插头	个	—	(10.000)	(18.000)
	其他材料费	元	1.00	2.000	2.000

工作内容：搬运、开箱检验、清点设备、定位、安装视频电缆、安装地线、编号、标记、扎线、查通、通电检查、清理现场。

计量单位：台

定额编号				A5-5-201	A5-5-202
项目名称				VGA切换器	
				4×1	8×1
基价（元）				440.20	790.20
其中	人工费（元）			438.20	788.20
	材料费（元）			2.00	2.00
	机械费（元）			—	—
名称		单位	单价(元)	消耗量	
人工	综合工日	工日	140.00	3.130	5.630
材料	VGA插头	个	—	(5.000)	(9.000)
	其他材料费	元	1.00	2.000	2.000

工作内容：开箱检验，零部件配套，按说明书通电。　　　　计量单位：台

定额编号				A5-5-203	A5-5-204
项目名称				制式转换器	扫描转换器 倍线器
基价（元）				37.16	37.16
其中	人工费（元）			35.00	35.00
	材料费（元）			2.16	2.16
	机械费（元）			—	—
名称		单位	单价（元）	消耗量	
人工	综合工日	工日	140.00	0.250	0.250
材料	VGA插头	个	—	—	(1.000)
	莲花插头	个	—	(2.000)	(1.000)
	其他材料费	元	1.00	2.160	2.160

工作内容：搬运、开箱检验、清点设备、定位、安装视频电缆、安装地线、编号、标记、扎线、查通、通电检查、清理现场。

计量单位：台

定额编号				A5-5-205	A5-5-206	A5-5-207
项目名称				视频补偿器		视频和立体声
				1进1出	2进2出	组合、分离
基价（元）				37.16	72.16	72.16
其中	人工费（元）			35.00	70.00	70.00
	材料费（元）			2.16	2.16	2.16
	机械费（元）			—	—	—
名称		单位	单价（元）	消耗量		
人工	综合工日	工日	140.00	0.250	0.500	0.500
材料	莲花插头	个	—	(2.000)	(4.000)	(6.000)
	其他材料费	元	1.00	2.160	2.160	2.160

工作内容：开箱检验、零部件配套、通电检查。 计量单位：台

定额编号				A5-5-208	A5-5-209	A5-5-210	A5-5-211
项目名称				多画面分割器(合成器)			
				4画面	9画面	16画面	24画面
基价（元）				**46.33**	**88.33**	**144.33**	**214.33**
其中	人工费（元）			42.00	84.00	140.00	210.00
	材料费（元）			4.33	4.33	4.33	4.33
	机械费（元）			—	—	—	—
名称		单位	单价(元)	消耗量			
人工	综合工日	工日	140.00	0.300	0.600	1.000	1.500
材料	莲花插头	个	—	(5.000)	(10.000)	(17.000)	(25.000)
	其他材料费	元	1.00	4.330	4.330	4.330	4.330

工作内容：开箱检验、零部件配套、通电检查。　　计量单位：台

定额编号				A5-5-212	A5-5-213	A5-5-214	A5-5-215
项目名称				数字	模拟	双绞线	多点控制器
				特技机		VGA转换器	MCU(单点)
基价（元）				**210.58**	**168.58**	**28.58**	**29.27**
其中	人工费（元）			210.00	168.00	28.00	28.00
	材料费（元）			0.58	0.58	0.58	1.27
	机械费（元）			—	—	—	—
名称		单位	单价(元)	消耗量			
人工	综合工日	工日	140.00	1.500	1.200	0.200	0.200
材料	VGA插头	个	—	—	—	(1.000)	—
	冷压接线端头 RJ45	个	—	—	—	(1.000)	—
	其他材料费	元	1.00	0.580	0.580	0.580	1.270

工作内容：开箱检验、零部件配套、通电检查。　　　　计量单位：台

定额编号				A5-5-216
项目名称				会议终端
基价（元）				71.00
其中	人工费（元）			70.00
	材料费（元）			1.00
	机械费（元）			—
名称		单位	单价(元)	消耗量
人工	综合工日	工日	140.00	0.500
材料	冷压接线端头 RJ45	个	—	(3.000)
	莲花插头	个	—	(2.000)
	其他材料费	元	1.00	1.000

7. 显示设备安装

工作内容：搬运、开箱检查、清点设备、安装、固定、接线、通电检查、清理现场。　　计量单位：台

定额编号				A5-5-217	A5-5-218	A5-5-219	A5-5-220
项目名称				高清显示器/接收机			
				摆放		壁挂或悬挂	
				≤17″	＞19″	≤17″	＞19″
基价（元）				**30.30**	**58.30**	**99.43**	**172.10**
其中	人工费（元）			28.00	56.00	70.00	140.00
	材料费（元）			2.30	2.30	9.43	12.10
	机械费（元）			—	—	20.00	20.00
名称		单位	单价(元)	消耗量			
人工	综合工日	工日	140.00	0.200	0.400	0.500	1.000
材料	膨胀螺栓 M12以下	套	1.30	—	—	2.020	4.080
	其他材料费	元	1.00	2.300	2.300	6.800	6.800
机械	其他机具费	元	1.00	—	—	20.000	20.000

工作内容：搬运、开箱检查、清点设备、安装、固定、接线、通电检查、清理现场。　　计量单位：台

定额编号				A5-5-221	A5-5-222	A5-5-223	A5-5-224
项目名称				标清显示器/接收机			
				摆放		壁挂或悬挂	
				≤17″	＞19″	≤17″	＞19″
基价（元）				**30.30**	**58.30**	**99.43**	**172.10**
其中	人工费（元）			28.00	56.00	70.00	140.00
	材料费（元）			2.30	2.30	9.43	12.10
	机械费（元）			—	—	20.00	20.00
名称		单位	单价(元)	消耗量			
人工	综合工日	工日	140.00	0.200	0.400	0.500	1.000
材料	膨胀螺栓 M12以下	套	1.30	—	—	2.020	4.080
	其他材料费	元	1.00	2.300	2.300	6.800	6.800
机械	其他机具费	元	1.00	—	—	20.000	20.000

工作内容：搬运、开箱检查、清点设备、安装、固定、接线、通电检查、清理现场。　　　计量单位：台

定额编号				A5-5-225	A5-5-226	A5-5-227	A5-5-228
项目名称				模拟显示器/接收机			
				摆放		壁挂或悬挂	
				≤17″	>19″	≤17″	>19″
基价（元）				30.30	58.30	99.43	172.10
其中	人工费（元）			28.00	56.00	70.00	140.00
	材料费（元）			2.30	2.30	9.43	12.10
	机械费（元）			—	—	20.00	20.00
名称		单位	单价(元)	消耗量			
人工	综合工日	工日	140.00	0.200	0.400	0.500	1.000
材料	膨胀螺栓 M12以下	套	1.30	—	—	2.020	4.080
	其他材料费	元	1.00	2.300	2.300	6.800	6.800
机械	其他机具费	元	1.00	—	—	20.000	20.000

工作内容：搬运、开箱检查、清点设备、安装、固定、接线、通电检查、清理现场。　　　计量单位：台

定额编号				A5-5-229	A5-5-230	A5-5-231	A5-5-232
项目名称				显示墙单台	波形	波形/矢量	波形/图像
				显示器		监视器	
基价（元）				69.62	68.00	72.62	114.62
其中	人工费（元）			56.00	56.00	70.00	112.00
	材料费（元）			4.24	2.62	2.62	2.62
	机械费（元）			9.38	9.38	—	—
名称		单位	单价(元)	消耗量			
人工	综合工日	工日	140.00	0.400	0.400	0.500	0.800
材料	其他材料费	元	1.00	4.240	2.620	2.620	2.620
机械	笔记本电脑	台班	9.38	1.000	1.000	—	—

工作内容：安装固定支架、安装设备、接线、电源供电、调试。　　计量单位：套

定额编号				A5-5-233	A5-5-234	A5-5-235
项目名称				投影机		
				普通	背投	升降
基价（元）				106.80	133.28	204.80
其中	人工费（元）			42.00	70.00	140.00
	材料费（元）			1.71	0.19	1.71
	机械费（元）			63.09	63.09	63.09
名称		单位	单价(元)	消耗量		
人工	综合工日	工日	140.00	0.300	0.500	1.000
材料	镀锌六角螺栓带帽 M8×30	10套	3.70	0.410	—	0.410
	工业酒精 99.5%	kg	1.36	0.010	0.010	0.010
	脱脂棉	kg	17.86	0.010	0.010	0.010
机械	图像亮度、对比度测试仪	台班	63.09	1.000	1.000	1.000

工作内容：开箱检验、零部件配套、按说明书通电、检查。　　　　　　　　　　　　计量单位：套

定额编号				A5-5-236	A5-5-237	A5-5-238	A5-5-239
项目名称				正投		背投	金属幕
				手动幕	电动幕	硬质银幕	
基价（元）				70.00	158.00	366.53	291.53
其中	人工费（元）			70.00	140.00	350.00	280.00
	材料费（元）			—	8.00	1.53	1.53
	机械费（元）			—	10.00	15.00	10.00
名称		单位	单价（元）	消耗量			
人工	综合工日	工日	140.00	0.500	1.000	2.500	2.000
材料	其他材料费	元	1.00	—	8.000	1.530	1.530
机械	其他机具费	元	1.00	—	10.000	15.000	10.000

工作内容：开箱检验、零部件配套、按说明书通电、检查。　　　　计量单位：套

定额编号				A5-5-240	A5-5-241	A5-5-242
项目名称				背投拼接箱		
				≤100″	100″～150″	＞150″
基价（元）				284.65	424.65	634.65
其中	人工费（元）			280.00	420.00	630.00
	材料费（元）			4.65	4.65	4.65
	机械费（元）			—	—	—
名称		单位	单价(元)	消耗量		
人工	综合工日	工日	140.00	2.000	3.000	4.500
材料	其他材料费	元	1.00	4.650	4.650	4.650

工作内容：开箱检验、零部件配套、按说明书通电、检查。　　　　　　　　　　　　　　计量单位：台

定　额　编　号				A5-5-243	A5-5-244	A5-5-245
项　目　名　称				拼接控制器		
				≤10屏	10～20屏	>20屏
基　价（元）				281.38	561.38	841.38
其中	人　工　费（元）			280.00	560.00	840.00
	材　料　费（元）			1.38	1.38	1.38
	机　械　费（元）			—	—	—
名　称		单位	单价(元)	消　耗　量		
人工	综合工日	工日	140.00	2.000	4.000	6.000
材料	其他材料费	元	1.00	1.380	1.380	1.380

工作内容：开箱检验、零部件配套、按说明书通电、检查。　　　　计量单位：块

定额编号				A5-5-246
项目名称				拼接卡
基价（元）				70.92
其中	人工费（元）			70.00
	材料费（元）			0.92
	机械费（元）			—
名称		单位	单价（元）	消耗量
人工	综合工日	工日	140.00	0.500
材料	其他材料费	元	1.00	0.920

工作内容：开箱检验、零部件配套、按说明书通电、检查。　　　　计量单位：台

定额编号				A5-5-247	A5-5-248	A5-5-249
项目名称				摄像头彩色	微机型彩色	综合型平板
				提词器		
基价（元）				75.00	117.00	145.00
其中	人工费（元）			70.00	112.00	140.00
	材料费（元）			5.00	5.00	5.00
	机械费（元）			—	—	—
名称		单位	单价(元)	消耗量		
人工	综合工日	工日	140.00	0.500	0.800	1.000
材料	其他材料费	元	1.00	5.000	5.000	5.000

8. 录编设备安装

工作内容：搬运、开箱检查、清点设备、定位、连接线缆、通电检查。 计量单位：台

定额编号				A5-5-250	A5-5-251	A5-5-252
项目名称				编辑	便携式	数字分量
				录放机		录像机
基价（元）				145.00	75.00	145.00
其中	人工费（元）			140.00	70.00	140.00
	材料费（元）			5.00	5.00	5.00
	机械费（元）			—	—	—
名称		单位	单价(元)	消耗量		
人工	综合工日	工日	140.00	1.000	0.500	1.000
材料	其他材料费	元	1.00	5.000	5.000	5.000

工作内容：搬运、开箱检查、清点设备、定位、连接线缆、通电检查。　　计量单位：台

定额编号				A5-5-253	A5-5-254
项目名称				高清电视硬盘放像机	专业光盘录放像机
基价（元）				285.00	215.00
其中	人工费（元）			280.00	210.00
	材料费（元）			5.00	5.00
	机械费（元）			—	—
名称		单位	单价（元）	消耗量	
人工	综合工日	工日	140.00	2.000	1.500
材料	其他材料费	元	1.00	5.000	5.000

工作内容：搬运、开箱检查、清点设备、定位、连接线缆、通电检查。　　计量单位：台

定额编号				A5-5-255	A5-5-256
项目名称				拖机型光盘拷贝机	非线性编辑机
基价（元）				285.00	845.00
其中	人工费（元）			280.00	840.00
	材料费（元）			5.00	5.00
	机械费（元）			—	—
	名称	单位	单价（元）	消耗量	
人工	综合工日	工日	140.00	2.000	6.000
材料	其他材料费	元	1.00	5.000	5.000

工作内容：搬运、开箱检查、清点设备、定位、连接线缆、通电检查。

计量单位：套

定额编号				A5-5-257	A5-5-258	A5-5-259	A5-5-260
项目名称				出版级	广播级	企业级	经济级
				DVD制作			
基价（元）				705.00	565.00	425.00	285.00
其中	人工费（元）			700.00	560.00	420.00	280.00
	材料费（元）			5.00	5.00	5.00	5.00
	机械费（元）			—	—	—	—
名称		单位	单价(元)	消耗量			
人工	综合工日	工日	140.00	5.000	4.000	3.000	2.000
材料	其他材料费	元	1.00	5.000	5.000	5.000	5.000

9. 会议系统调试

工作内容：系统联调、调整图像、音调、调试各项功能、记录测试结果。　　计量单位：系统

定额编号				A5-5-261	A5-5-262
项目名称				音、视频系统调试	
				50个发言收视点以内	每增加50个点
基价（元）				1337.57	926.50
其中	人工费（元）			980.00	700.00
	材料费（元）			—	—
	机械费（元）			357.57	226.50
名称		单位	单价（元）	消耗量	
人工	综合工日	工日	140.00	7.000	5.000
机械	笔记本电脑	台班	9.38	2.000	2.000
	电视信号发生器	台班	8.29	1.000	1.000
	对讲机（一对）	台班	4.19	2.000	2.000
	建筑声学测量仪 B&K4418	台班	128.07	2.000	1.000
	声级计	台班	3.00	2.000	1.000
	声源 B&K4224	台班	60.00	1.000	1.000

10. 会议系统试运行

工作内容：测试各项技术指标的稳定性、可靠性，一个月内试运行不少于5次，每次3h，记录运行报告。

计量单位：系统

定额编号				A5-5-263
项目名称				音视频试运行
基价（元）				2136.89
其中	人工费（元）			2100.00
	材料费（元）			8.75
	机械费（元）			28.14
名称		单位	单价（元）	消耗量
人工	综合工日	工日	140.00	15.000
材料	打印纸 A4	包	17.50	0.500
机械	笔记本电脑	台班	9.38	3.000

四、灯光系统设备安装工程

1. 调光台安装

工作内容：开箱检验、调光台安装、输出信号源连接、电源连接。　　　　计量单位：台

定额编号				A5-5-264	A5-5-265	A5-5-266	A5-5-267
项目名称				模拟调光台			
				≤12路	≤18路	≤24路	≤36路
基价（元）				**147.10**	**218.14**	**254.19**	**361.29**
其中	人工费（元）			140.00	210.00	245.00	350.00
	材料费（元）			5.00	5.00	5.00	5.00
	机械费（元）			2.10	3.14	4.19	6.29
名称		**单位**	**单价(元)**	**消耗量**			
人工	综合工日	工日	140.00	1.000	1.500	1.750	2.500
材料	9芯插头	个	—	(2.000)	(3.000)	(4.000)	(6.000)
	其他材料费	元	1.00	5.000	5.000	5.000	5.000
机械	对讲机(一对)	台班	4.19	0.500	0.750	1.000	1.500

工作内容：开箱检验、调光台安装、输出信号源连接、电源连接。　　计量单位：台

定额编号				A5-5-268	A5-5-269	A5-5-270	A5-5-271
项目名称				模拟调光台			
				≤48路	≤60路	≤90路	≤120路
基价（元）				**468.38**	**680.48**	**857.57**	**1139.67**
其中	人工费（元）			455.00	665.00	840.00	1120.00
	材料费（元）			5.00	5.00	5.00	5.00
	机械费（元）			8.38	10.48	12.57	14.67
名称		**单位**	**单价（元）**	**消耗量**			
人工	综合工日	工日	140.00	3.250	4.750	6.000	8.000
材料	34芯插头	个	—	—	(2.000)	(3.000)	(4.000)
	9芯插头	个	—	(8.000)	—	—	—
	其他材料费	元	1.00	5.000	5.000	5.000	5.000
机械	对讲机(一对)	台班	4.19	2.000	2.500	3.000	3.500

工作内容：开箱检验、调光台安装、电源线连接、加电试验、输出线路连接。　　　　计量单位：台

定额编号				A5-5-272	A5-5-273	A5-5-274
项目名称				观众席调光台		
				≤3路场灯调光	≤6路场灯调光	≤12路场灯调光
基价（元）				**147.51**	**218.14**	**289.19**
其中	人工费（元）			140.00	210.00	280.00
	材料费（元）			5.00	5.00	5.00
	机械费（元）			2.51	3.14	4.19
名称		**单位**	**单价(元)**	**消耗量**		
人工	综合工日	工日	140.00	1.000	1.500	2.000
材料	9芯插头	个	—	(1.000)	(2.000)	(2.000)
	其他材料费	元	1.00	5.000	5.000	5.000
机械	对讲机(一对)	台班	4.19	0.600	0.750	1.000

工作内容：开箱检验、调光台安装、输出信号线连接、电源线连接。　　计量单位：台

定额编号				A5-5-275	A5-5-276	A5-5-277	A5-5-278
项目名称				数字调光台			
				≤512路	≤1024路	≤2048路	≤4096路
基价（元）				417.34	503.62	589.90	748.27
其中	人工费（元）			350.00	420.00	490.00	630.00
	材料费（元）			5.00	5.00	5.00	5.00
	机械费（元）			62.34	78.62	94.90	113.27
名称		单位	单价(元)	消耗量			
人工	综合工日	工日	140.00	2.500	3.000	3.500	4.500
材料	光纤插头	对	—	(1.000)	(1.000)	(1.000)	(1.000)
	卡侬插头	个	—	(1.000)	(2.000)	(4.000)	(8.000)
	冷压接线端头 RJ45	个	—	(1.000)	(1.000)	(1.000)	(1.000)
	其他材料费	元	1.00	5.000	5.000	5.000	5.000
机械	笔记本电脑	台班	9.38	1.000	2.000	3.000	4.000
	对讲机(一对)	台班	4.19	2.500	3.000	3.500	4.500
	光功率计	台班	56.13	0.500	0.500	0.500	0.500
	示波器	台班	9.61	1.500	2.000	2.500	3.000

2. 电脑灯控制台安装

工作内容：开箱检验、设备安装、输出信号源连接、电源连接。　　　　　　　　　　计量单位：台

定额编号				A5-5-279	A5-5-280	A5-5-281	A5-5-282
项目名称				电脑灯控制台			
				≤512路	≤1024路	≤2048路	≤4096路
基价（元）				408.34	564.62	723.00	1026.18
其中	人工费（元）			350.00	490.00	630.00	910.00
	材料费（元）			5.00	5.00	5.00	5.00
	机械费（元）			53.34	69.62	88.00	111.18
名称		单位	单价(元)	消耗量			
人工	综合工日	工日	140.00	2.500	3.500	4.500	6.500
材料	光纤插头	对	—	(1.000)	(1.000)	(1.000)	(1.000)
	卡侬插头	个	—	(1.000)	(2.000)	(4.000)	(8.000)
	冷压接线端头 RJ45	个	—	(1.000)	(1.000)	(1.000)	(1.000)
	其他材料费	元	1.00	5.000	5.000	5.000	5.000
机械	笔记本电脑	台班	9.38	1.000	2.000	3.000	4.000
	对讲机(一对)	台班	4.19	1.500	2.000	3.000	4.000
	光功率计	台班	56.13	0.500	0.500	0.500	0.500
	示波器	台班	9.61	1.000	1.500	2.000	3.000

3. 换色器控制台安装

工作内容：开箱检验、设备安装、控制信号源连接、电源连接。　　计量单位：台

定额编号				A5-5-283	A5-5-284	A5-5-285	A5-5-286
项目名称				换色器控制台			
				数字控制台	信号分配器	载波4路	载波8路
基价（元）				**145.35**	**79.19**	**179.29**	**267.48**
其中	人工费（元）			140.00	70.00	168.00	252.00
	材料费（元）			2.00	5.00	5.00	5.00
	机械费（元）			3.35	4.19	6.29	10.48
名称		**单位**	**单价(元)**	**消耗量**			
人工	综合工日	工日	140.00	1.000	0.500	1.200	1.800
材料	电源插头	个	—	—	—	(6.000)	(10.000)
	卡侬插头	个	—	(4.000)	(8.000)	(16.000)	(32.000)
	其他材料费	元	1.00	2.000	5.000	5.000	5.000
机械	对讲机(一对)	台班	4.19	0.800	1.000	1.500	2.500

工作内容：开箱检验、设备安装、信号源连接、电源连接。 计量单位：台

定额编号				A5-5-287	A5-5-288
项目名称				网络设备	
				灯光总服务器	编/解码器
基价（元）				394.16	408.23
其中	人工费（元）			350.00	350.00
	材料费（元）			5.00	5.00
	机械费（元）			39.16	53.23
名称		单位	单价(元)	消耗量	
人工	综合工日	工日	140.00	2.500	2.500
材料	光纤插头	对	—	(1.000)	(1.000)
	卡侬插头	个	—	—	(8.000)
	冷压接线端头 RJ45	个	—	(2.000)	(2.000)
	其他材料费	元	1.00	5.000	5.000
机械	笔记本电脑	台班	9.38	—	1.500
	对讲机(一对)	台班	4.19	1.500	1.500
	光功率计	台班	56.13	0.500	0.500
	示波器	台班	9.61	0.500	0.500

工作内容：开箱检验、设备安装、输入/输出信号线连接、电源线连接。 计量单位：台

定额编号				A5-5-289	A5-5-290	A5-5-291	A5-5-292
项目名称				网络设备			
				2口DMX	4口DMX	6口DMX	8口DMX
				编/解码器			
基价（元）				179.97	179.97	216.59	254.01
其中	人工费（元）			140.00	140.00	175.00	210.00
	材料费（元）			5.00	5.00	6.00	8.00
	机械费（元）			34.97	34.97	35.59	36.01
名称		单位	单价(元)	消耗量			
人工	综合工日	工日	140.00	1.000	1.000	1.250	1.500
材料	光纤插头	对	—	(1.000)	(1.000)	(1.000)	(1.000)
	卡侬插头	个	—	(2.000)	(4.000)	(6.000)	(8.000)
	冷压接线端头 RJ45	个	—	(2.000)	—	—	—
	其他材料费	元	1.00	5.000	5.000	6.000	8.000
机械	对讲机(一对)	台班	4.19	0.500	0.500	0.650	0.750
	光功率计	台班	56.13	0.500	0.500	0.500	0.500
	示波器	台班	9.61	0.500	0.500	0.500	0.500

工作内容：开箱检验、设备安装、输入/输出信号线连接、电源线连接。　　计量单位：台

定额编号				A5-5-293
项目名称				信号放大器
基价（元）				152.95
其中	人工费（元）			140.00
	材料费（元）			5.00
	机械费（元）			7.95
名称		单位	单价(元)	消耗量
人工	综合工日	工日	140.00	1.000
材料	卡侬插头	个	—	(5.000)
	其他材料费	元	1.00	5.000
机械	对讲机(一对)	台班	4.19	0.750
	示波器	台班	9.61	0.500

工作内容：开箱检验、设备安装、输入/输出信号线连接、电源线连接。　　　　计量单位：台

定额编号				A5-5-294	A5-5-295	A5-5-296	A5-5-297
项目名称				网络设备			
				8×2DMX	2×2DMX	离线	无线手提
				比较器		编辑器	遥控器
基价（元）				224.19	113.51	152.51	16.10
其中	人工费（元）			210.00	105.00	140.00	14.00
	材料费（元）			10.00	6.00	10.00	—
	机械费（元）			4.19	2.51	2.51	2.10
名称		单位	单价(元)	消耗量			
人工	综合工日	工日	140.00	1.500	0.750	1.000	0.100
材料	卡侬插头	个	—	(24.000)	(2.000)	—	—
	其他材料费	元	1.00	10.000	6.000	10.000	—
机械	对讲机(一对)	台班	4.19	1.000	0.600	0.600	0.500

4. 调光硅柜、箱安装

工作内容：开箱检验、设备安装、加电试验、控制信号线引入、电源连接。　　　　　　　　计量单位：台

定额编号				A5-5-298	A5-5-299	A5-5-300	A5-5-301
项目名称				模拟调光硅箱		数字调光硅箱	
				≤6路	≤12路	≤6路	≤12路
基价（元）				561.96	686.99	629.87	824.05
其中	人工费（元）			490.00	630.00	560.00	770.00
	材料费（元）			40.00	30.00	40.00	30.00
	机械费（元）			31.96	26.99	29.87	24.05
名称		单位	单价(元)	消耗量			
人工	综合工日	工日	140.00	3.500	4.500	4.000	5.500
材料	9芯插头	个	—	(2.000)	(2.000)	—	—
	卡侬插头	个	—	—	—	(2.000)	(1.000)
	其他材料费	元	1.00	40.000	30.000	40.000	30.000
机械	对讲机(一对)	台班	4.19	4.000	3.300	3.500	2.600
	静电高压表	台班	5.10	2.000	1.600	2.000	1.600
	其他机具费	元	1.00	5.000	5.000	5.000	5.000

工作内容：开箱检验、设备安装、控制信号线引入、电源引入、加电试验。　　计量单位：台

定额编号				A5-5-302	A5-5-303
项目名称				≤60路	≤96路
				数字调光硅柜	
基价（元）				2478.97	4210.51
其中	人工费（元）			2030.00	3500.00
	材料费（元）			341.50	541.06
	机械费（元）			107.47	169.45
名称		单位	单价(元)	消耗量	
人工	综合工日	工日	140.00	14.500	25.000
材料	卡侬插头	个	—	(6.000)	(2.000)
	冷压接线端头 RJ45	个	—	(1.000)	(1.000)
	端子号牌	个	1.78	185.000	293.000
	号码管	个	0.03	180.000	288.000
	热缩管	个	0.01	180.000	288.000
	其他材料费	元	1.00	5.000	8.000
机械	对讲机(一对)	台班	4.19	13.500	21.600
	静电高压表	台班	5.10	9.000	14.500
	其他机具费	元	1.00	5.000	5.000

工作内容：开箱检验、设备安装、加电试验、控制信号线连接、电源连接。　　计量单位：台

定额编号				A5-5-304	A5-5-305	A5-5-306
项目名称				吊挂调光器		
				≤2路	≤6路	≤12路
基价（元）				84.65	191.94	383.23
其中	人工费（元）			70.00	168.00	350.00
	材料费（元）			5.00	5.00	5.00
	机械费（元）			9.65	18.94	28.23
名称		单位	单价(元)	消耗量		
人工	综合工日	工日	140.00	0.500	1.200	2.500
材料	吊挂灯钩	只	—	(1.000)	(2.000)	(2.000)
	卡侬插头	个	—	(2.000)	(2.000)	(2.000)
	其他材料费	元	1.00	5.000	5.000	5.000
机械	对讲机(一对)	台班	4.19	0.500	1.500	2.500
	静电高压表	台班	5.10	0.500	1.500	2.500
	其他机具费	元	1.00	5.000	5.000	5.000

5. 多媒体灯具安装

工作内容：开箱检验灯具、安装灯泡、安装灯钩、吊挂灯具、做电源线两端插头、安装保险链。

计量单位：台

定额编号				A5-5-307	A5-5-308	A5-5-309	A5-5-310
项目名称				聚光灯具	回光灯具	散光灯具	成像灯具
基价（元）				61.03	61.03	61.03	82.03
其中	人工费（元）			49.00	49.00	49.00	70.00
	材料费（元）			5.45	5.45	5.45	5.45
	机械费（元）			6.58	6.58	6.58	6.58
名称		单位	单价(元)	消耗量			
人工	综合工日	工日	140.00	0.350	0.350	0.350	0.500
材料	保险链	条	—	(1.000)	(1.000)	(1.000)	(1.000)
	灯钩	只	—	(1.000)	(1.000)	(1.000)	(1.000)
	色纸	m²	1.80	0.250	0.250	0.250	0.250
	其他材料费	元	1.00	5.000	5.000	5.000	5.000
机械	对讲机(一对)	台班	4.19	0.400	0.400	0.400	0.400
	色温表	台班	20.00	0.200	0.200	0.200	0.200
	专业级照度计	台班	4.51	0.200	0.200	0.200	0.200

工作内容：开箱检验灯具、安装灯泡、安装支架、连接整流器、连接电源线。　　　计量单位：台

定额编号				A5-5-311	A5-5-312	A5-5-313	A5-5-314
项目名称				追光灯			
				≤1200W	≤2500W	≤3000W	≤4000W
基价（元）				151.58	179.58	221.58	361.58
其中	人工费（元）			140.00	168.00	210.00	350.00
	材料费（元）			5.00	5.00	5.00	5.00
	机械费（元）			6.58	6.58	6.58	6.58
名称		单位	单价(元)	消耗量			
人工	综合工日	工日	140.00	1.000	1.200	1.500	2.500
材料	卡侬插头	个	—	(2.000)	(2.000)	(2.000)	(2.000)
	其他材料费	元	1.00	5.000	5.000	5.000	5.000
机械	对讲机(一对)	台班	4.19	0.400	0.400	0.400	0.400
	色温表	台班	20.00	0.200	0.200	0.200	0.200
	专业级照度计	台班	4.51	0.200	0.200	0.200	0.200

工作内容：开箱检验灯具、安装灯泡、安装色纸、连接电源线两端插头。　　　　计量单位：台

定额编号				A5-5-315	A5-5-316
项目名称				灯具	
				四联脚光灯	八联脚光灯
基价（元）				83.67	159.12
其中	人工费（元）			70.00	140.00
	材料费（元）			5.45	10.90
	机械费（元）			8.22	8.22
名称		单位	单价(元)	消耗量	
人工	综合工日	工日	140.00	0.500	1.000
材料	色纸	m²	1.80	0.250	0.500
	其他材料费	元	1.00	5.000	10.000
机械	对讲机(一对)	台班	4.19	0.500	0.500
	色温表	台班	20.00	0.250	0.250
	专业级照度计	台班	4.51	0.250	0.250

工作内容：开箱检验灯具、安装灯泡、安装吊挂灯钩、连接电源线两端插头、吊挂灯具、连接保险链。

计量单位：台

定额编号				A5-5-317	A5-5-318	A5-5-319
项目名称				灯具		
				2管	4管	6管
				三基色灯		
基价（元）				83.22	118.22	153.22
其中	人工费（元）			70.00	105.00	140.00
	材料费（元）			5.00	5.00	5.00
	机械费（元）			8.22	8.22	8.22
名称		单位	单价（元）	消耗量		
人工	综合工日	工日	140.00	0.500	0.750	1.000
材料	吊挂灯钩	只	—	(1.000)	(1.000)	(1.000)
	卡依插头	个	—	(2.000)	(2.000)	(2.000)
	其他材料费	元	1.00	5.000	5.000	5.000
机械	对讲机(一对)	台班	4.19	0.500	0.500	0.500
	色温表	台班	20.00	0.250	0.250	0.250
	专业级照度计	台班	4.51	0.250	0.250	0.250

注：定额含调光型三基色灯具。

工作内容：开箱检验灯具、安装灯泡、安装吊挂灯钩、连接电源线、焊接控制信号线输入/输出卡侬插头、吊挂灯具、连接保险链。

计量单位：台

定额编号				A5-5-320	A5-5-321	A5-5-322	A5-5-323
项目名称				电脑灯(扫描、摇头)			
				≤350W	≤575W	≤1200W	≤2500W
基价（元）				79.10	114.10	149.10	184.10
其中	人工费（元）			70.00	105.00	140.00	175.00
	材料费（元）			7.00	7.00	7.00	7.00
	机械费（元）			2.10	2.10	2.10	2.10
名称		单位	单价(元)	消耗量			
人工	综合工日	工日	140.00	0.500	0.750	1.000	1.250
材料	保险链	条	—	(1.000)	(1.000)	(1.000)	(1.000)
	吊挂灯钩	只	—	(1.000)	(1.000)	(1.000)	(1.000)
	卡侬插头	个	—	(2.000)	(2.000)	(2.000)	(2.000)
	其他材料费	元	1.00	7.000	7.000	7.000	7.000
机械	对讲机(一对)	台班	4.19	0.500	0.500	0.500	0.500

工作内容：开箱检验灯具、安装灯泡、安装吊挂灯钩、连接电源线、连接控制信号线、吊挂灯具、连接保险链。

计量单位：台

定额编号				A5-5-324	A5-5-325	A5-5-326
项目名称				舞厅灯具		
				16爪鱼电脑灯	吊挂式舞厅灯	底座式舞厅灯
基价（元）				372.10	232.10	372.10
其中	人工费（元）			350.00	210.00	350.00
	材料费（元）			10.00	10.00	10.00
	机械费（元）			12.10	12.10	12.10
名称		单位	单价(元)	消耗量		
人工	综合工日	工日	140.00	2.500	1.500	2.500
材料	吊挂灯钩	只	—	(2.000)	(1.000)	(1.000)
	卡侬插头	个	—	(2.000)	—	—
	其他材料费	元	1.00	10.000	10.000	10.000
机械	对讲机(一对)	台班	4.19	0.500	0.500	0.500
	其他机具费	元	1.00	10.000	10.000	10.000

6. 效果器具安装

工作内容：开箱检验设备、加装烟油、安装吊挂钩、吊挂设备、连接电源线、安装保险链。

计量单位：台

定额编号				A5-5-327	A5-5-328	A5-5-329
项目名称				效果器具		
				烟雾机	干冰烟雾机	泡泡机
基价（元）				114.60	147.10	176.60
其中	人工费（元）			70.00	140.00	70.00
	材料费（元）			42.50	5.00	104.50
	机械费（元）			2.10	2.10	2.10
名称		单位	单价(元)	消耗量		
人工	综合工日	工日	140.00	0.500	1.000	0.500
材料	卡侬插头	个	—	(1.000)	(1.000)	(1.000)
	泡泡剂	kg	39.80	—	—	2.500
	烟雾剂	kg	15.00	2.500	—	—
	其他材料费	元	1.00	5.000	5.000	5.000
机械	对讲机(一对)	台班	4.19	0.500	0.500	0.500

工作内容：开箱检验设备、加装烟油、安装吊挂钩、吊挂设备、连接电源线、安装保险链。

计量单位：台

定额编号				A5-5-330	A5-5-331	A5-5-332
项目名称				效果器具		
				雨雪效果器	礼花炮	灯具机械臂
基价（元）				77.10	217.10	221.29
其中	人工费（元）			70.00	210.00	210.00
	材料费（元）			5.00	5.00	5.00
	机械费（元）			2.10	2.10	6.29
名称		单位	单价(元)	消耗量		
人工	综合工日	工日	140.00	0.500	1.500	1.500
材料	卡侬插头	个	—	(1.000)	(1.000)	(2.000)
	其他材料费	元	1.00	5.000	5.000	5.000
机械	对讲机(一对)	台班	4.19	0.500	0.500	1.500

7. 换色器安装

工作内容：开箱检验设备、加电试机、安装设备、焊接控制信号线并连接、连接电源线、安装保险链。

计量单位：台

定额编号				A5-5-333	A5-5-334	A5-5-335	A5-5-336
项目名称				换色器			
				聚光灯	回光灯	散光灯	专用灯具
基价（元）				82.10	82.10	82.10	126.19
其中	人工费（元）			70.00	70.00	70.00	112.00
	材料费（元）			10.00	10.00	10.00	10.00
	机械费（元）			2.10	2.10	2.10	4.19
名称		单位	单价(元)	消耗量			
人工	综合工日	工日	140.00	0.500	0.500	0.500	0.800
材料	保险链	条	—	(1.000)	(1.000)	(1.000)	(1.000)
	卡侬插头	个	—	(2.000)	(2.000)	(2.000)	(2.000)
	其他材料费	元	1.00	10.000	10.000	10.000	10.000
机械	对讲机(一对)	台班	4.19	0.500	0.500	0.500	1.000

注：含载波式换色器。

8. 专用电源盒安装

工作内容：开箱检验设备、接线安装。　　　　计量单位：台

定额编号				A5-5-337	A5-5-338	A5-5-339	A5-5-340
项目名称				专用电源盒			
				双联	三联	四联	六联
基价（元）				**38.05**	**46.26**	**61.68**	**77.51**
其中	人工费（元）			35.00	42.00	56.00	70.00
	材料费（元）			2.00	3.00	4.00	5.00
	机械费（元）			1.05	1.26	1.68	2.51
名称		**单位**	**单价(元)**	**消耗量**			
人工	综合工日	工日	140.00	0.250	0.300	0.400	0.500
材料	电源插头	个	—	(2.000)	(3.000)	(4.000)	(6.000)
	其他材料费	元	1.00	2.000	3.000	4.000	5.000
机械	对讲机(一对)	台班	4.19	0.250	0.300	0.400	0.600

9. 灯光设备调试

工作内容：对灯光设备控制回路进行测试和调整。　　　　计量单位：个

定额编号				A5-5-341
项目名称				设备控制回路数
基价（元）				140.84
其中	人工费（元）			140.00
	材料费（元）			—
	机械费（元）			0.84
名称		单位	单价（元）	消耗量
人工	综合工日	工日	140.00	1.000
机械	对讲机(一对)	台班	4.19	0.200

五、集中控制系统设备安装工程

1. 触摸屏安装

工作内容：开箱检验、做电缆接头、电源供电和做其他辅助设备连接线等。　　　　计量单位：台

定额编号				A5-5-342	A5-5-343	A5-5-344	A5-5-345
项目名称				>5.7″真彩触摸屏		5.7″真彩触摸屏	
				桌面摆放式	嵌入式	无线单向	无线双向
基价（元）				**52.38**	**82.38**	**46.69**	**74.69**
其中	人工费（元）			42.00	70.00	42.00	70.00
	材料费（元）			1.00	3.00	—	—
	机械费（元）			9.38	9.38	4.69	4.69
名称		单位	单价(元)	消耗量			
人工	综合工日	工日	140.00	0.300	0.500	0.300	0.500
材料	其他材料费	元	1.00	1.000	3.000	—	—
机械	笔记本电脑	台班	9.38	1.000	1.000	0.500	0.500

工作内容：开箱检验、做电缆接头、电源供电和做其他辅助设备连接线等。　　　　　　计量单位：台

定额编号				A5-5-346	A5-5-347
项目名称				3.8″彩色触摸屏	PDA触摸屏
				嵌入式	无线手持
基价（元）				75.35	47.63
其中	人工费（元）			70.00	42.00
	材料费（元）			3.00	—
	机械费（元）			2.35	5.63
名称		单位	单价(元)	消耗量	
人工	综合工日	工日	140.00	0.500	0.300
材料	其他材料费	元	1.00	3.000	—
机械	笔记本电脑	台班	9.38	0.250	0.600

注：智能型触摸屏包括生物识别、密码识别、卡式识别等。

工作内容：开箱检验、做电缆接头、电源供电和做其他辅助设备连接线等。　　计量单位：台

定额编号				A5-5-348	A5-5-349
项目名称				智能触摸屏	无线接收器
基价（元）				81.38	47.63
其中	人工费（元）			70.00	42.00
	材料费（元）			2.00	—
	机械费（元）			9.38	5.63
名称		单位	单价(元)	消耗量	
人工	综合工日	工日	140.00	0.500	0.300
材料	其他材料费	元	1.00	2.000	—
机械	笔记本电脑	台班	9.38	1.000	0.600

注：智能型触摸屏包括生物识别、密码识别、卡式识别等。

2. 按键面板安装

工作内容：开箱检验、做电缆接头、电源供电和做其他辅助设备连接线等。 计量单位：台

定额编号				A5-5-350	A5-5-351	A5-5-352
项目名称				按键面板		
				2～6键	8～12键	＞12键
基价（元）				45.88	59.88	116.35
其中	人工费（元）			42.00	56.00	112.00
	材料费（元）			2.00	2.00	2.00
	机械费（元）			1.88	1.88	2.35
名称		单位	单价（元）	消耗量		
人工	综合工日	工日	140.00	0.300	0.400	0.800
材料	其他材料费	元	1.00	2.000	2.000	2.000
机械	笔记本电脑	台班	9.38	0.200	0.200	0.250

3. 主控机安装

工作内容：开箱检验、做电缆接头、电源供电和做其他辅助设备连接线等。　　　　计量单位：台

定额编号				A5-5-353	A5-5-354
项目名称				标准型主控机	
				8串口	
				1网络口，机架安装，IU	8红外，81/0，8继电器
					1网络口，机架安装，IU
基价（元）				**156.15**	**298.15**
其中	人工费（元）			140.00	280.00
	材料费（元）			3.00	5.00
	机械费（元）			13.15	13.15
名称		**单位**	**单价（元）**	**消耗量**	
人工	综合工日	工日	140.00	1.000	2.000
材料	冷压接线端头 RJ45	个	—	(1.000)	(1.000)
	弱电冷压端子	个	—	—	(41.000)
	通信接头DB9	个	—	(8.000)	(8.000)
	其他材料费	元	1.00	3.000	5.000
机械	笔记本电脑	台班	9.38	1.000	1.000
	线缆测试仪	台班	37.69	0.100	0.100

工作内容：开箱检验、做电缆接头、电源供电和做其他辅助设备连接线等。　　计量单位：台

定额编号				A5-5-355	A5-5-356	A5-5-357
项目名称				小型主控机		
				1网络口	2网络口	无线网卡型
基价（元）				152.80	183.15	151.38
其中	人工费（元）			140.00	168.00	140.00
	材料费（元）			2.00	2.00	2.00
	机械费（元）			10.80	13.15	9.38
名称		单位	单价(元)	消耗量		
人工	综合工日	工日	140.00	1.000	1.200	1.000
材料	冷压接线端头 RJ45	个	—	(1.000)	(2.000)	—
	弱电冷压端子	个	—	(4.000)	(4.000)	(4.000)
	通信接头DB9	个	—	(4.000)	(4.000)	(4.000)
	其他材料费	元	1.00	2.000	2.000	2.000
机械	笔记本电脑	台班	9.38	0.750	1.000	1.000
	线缆测试仪	台班	37.69	0.100	0.100	—

工作内容：开箱检验、做电缆接头、电源供电和做其他辅助设备连接线等。　　计量单位：台

定额编号				A5-5-358	A5-5-359	A5-5-360
项目名称				大型主控机		
				1网络口	2网络口	无线网卡型
基价（元）				305.53	338.22	301.76
其中	人工费（元）			280.00	308.00	280.00
	材料费（元）			3.00	3.00	3.00
	机械费（元）			22.53	27.22	18.76
名称		单位	单价(元)	消耗量		
人工	综合工日	工日	140.00	2.000	2.200	2.000
材料	冷压接线端头 RJ45	个	—	(1.000)	(2.000)	—
	弱电冷压端子	个	—	(81.000)	(81.000)	(81.000)
	通信接头DB9	个	—	(16.000)	(16.000)	(16.000)
	其他材料费	元	1.00	3.000	3.000	3.000
机械	笔记本电脑	台班	9.38	2.000	2.500	2.000
	线缆测试仪	台班	37.69	0.100	0.100	—

工作内容：开箱检验、做电缆接头、电源供电和做其他辅助设备连接线等。　　　计量单位：台

定额编号				A5-5-361	A5-5-362	A5-5-363
项目名称				接口机		
				4红外	8红外	12红外
				4I/0,4继电器	8I/0,8继电器	8I/0,16继电器
				机架安装,IU		
基价（元）				147.69	217.69	292.38
其中	人工费（元）			140.00	210.00	280.00
	材料费（元）			3.00	3.00	3.00
	机械费（元）			4.69	4.69	9.38
名称		单位	单价（元）	消耗量		
人工	综合工日	工日	140.00	1.000	1.500	2.000
材料	弱电冷压端子	个	—	(21.000)	(41.000)	(65.000)
	通信接头DB9	个	—	(2.000)	(2.000)	(2.000)
	其他材料费	元	1.00	3.000	3.000	3.000
机械	笔记本电脑	台班	9.38	0.500	0.500	1.000

4. 控制模块安装

工作内容：开箱检验、做电缆接头、电源供电和做其他辅助设备连接线等。　　计量单位：台

定额编号				A5-5-364
项目名称				调音模块 2路/4路
基价（元）				47.35
其中	人工费（元）			42.00
	材料费（元）			3.00
	机械费（元）			2.35
名称		单位	单价（元）	消耗量
人工	综合工日	工日	140.00	0.300
材料	弱电冷压端子	个	—	(16.000)
	通信接头DB9	个	—	(1.000)
	其他材料费	元	1.00	3.000
机械	笔记本电脑	台班	9.38	0.250

工作内容：开箱检验、做电缆接头、电源供电和做其他辅助设备连接线等。 计量单位：台

定额编号				A5-5-365	A5-5-366	A5-5-367	A5-5-368
项目名称				调光模块			
				2路	4路	6路	每增加2路
基价（元）				61.35	119.69	150.04	39.38
其中	人工费（元）			56.00	112.00	140.00	35.00
	材料费（元）			3.00	3.00	3.00	2.50
	机械费（元）			2.35	4.69	7.04	1.88
名称		单位	单价(元)	消耗量			
人工	综合工日	工日	140.00	0.400	0.800	1.000	0.250
材料	强电冷压端子	个	—	(12.000)	(15.000)	(21.000)	(6.000)
	通信接头DB9	个	—	(1.000)	(1.000)	(1.000)	(1.000)
	其他材料费	元	1.00	3.000	3.000	3.000	2.500
机械	笔记本电脑	台班	9.38	0.250	0.500	0.750	0.200

工作内容：开箱检验、做电缆接头、电源供电和做其他辅助设备连接线等。　　计量单位：台

定额编号				A5-5-369	A5-5-370	A5-5-371
项目名称				电源控制模块		
				≤4路	≤8路	每增加2路
基价（元）				117.35	147.69	38.91
其中	人工费（元）			112.00	140.00	35.00
	材料费（元）			3.00	3.00	2.50
	机械费（元）			2.35	4.69	1.41
名称		单位	单价（元）	消耗量		
人工	综合工日	工日	140.00	0.800	1.000	0.250
材料	强电冷压端子	个	—	(15.000)	(27.000)	(6.000)
	通信接头DB9	个	—	(1.000)	(1.000)	(1.000)
	其他材料费	元	1.00	3.000	3.000	2.500
机械	笔记本电脑	台班	9.38	0.250	0.500	0.150

5. 其他设备安装

工作内容：开箱检验、做电缆接头、电源供电和做其他辅助设备连接线等。　　计量单位：台

定额编号				A5-5-372	A5-5-373	A5-5-374	A5-5-375
项目名称				红外发射棒	触摸屏		接口卡
					充电座	锂电池	
基价（元）				15.60	7.00	7.00	42.00
其中	人工费（元）			14.00	7.00	7.00	42.00
	材料费（元）			—	—	—	—
	机械费（元）			1.60	—	—	—
名称		单位	单价(元)	消耗量			
人工	综合工日	工日	140.00	0.100	0.050	0.050	0.300
机械	红外学习器	台班	8.00	0.200	—	—	—

注：接口卡包括电话接口卡、DM×512接口卡、RS232/422/485接口卡、其它接口卡等。

6. 多媒体终端接头制作、安装

工作内容：核对线序、固定线缆、压接等。 计量单位：个

定额编号				A5-5-376	A5-5-377	A5-5-378
项目名称				视频电缆接头	多芯线插头	音频、视频连接器
基价（元）				2.83	9.13	11.93
其中	人工费（元）			2.10	8.40	11.20
	材料费（元）			0.73	0.73	0.73
	机械费（元）			—	—	—
名称		单位	单价（元）	消耗量		
人工	综合工日	工日	140.00	0.015	0.060	0.080
材料	连接器	个	—	—	—	(1.010)
	工业酒精 99.5%	kg	1.36	0.010	0.010	0.010
	焊锡丝	kg	54.10	0.010	0.010	0.010
	脱脂棉	kg	17.86	0.010	0.010	0.010

7. 集中控制设备调试

工作内容：对集控设备使用功能进行测试和调整。　　　　计量单位：个

定额编号				A5-5-379
项目名称				设备使用功能数
基价（元）				291.01
其中	人工费（元）			280.00
	材料费（元）			—
	机械费（元）			11.01
名称		单位	单价(元)	消耗量
人工	综合工日	工日	140.00	2.000
机械	笔记本电脑	台班	9.38	0.200
	红外学习器	台班	8.00	0.200
	线缆测试仪	台班	37.69	0.200

第六章　安全防范系统工程

说　明

一、本章包括入侵报警设备安装调试、出入口控制设备安装调试、电子巡查设备安装调试、视频安防监控设备安装调试、安全检查设备安装调试、楼宇对讲设备安装调试、停车场管理设备安装调试、系统试运行，适用于各类建筑物的安全防范系统设备安装、调试、试运行工程。

二、本章设备按成套购置考虑。

三、全系统联调，按相关分系统调试费中的人工费和机械费分别增加35%，进入直接工程费。

四、本章不包括安全防范检测部门对系统技术指标进行检测的费用。

五、本章不包括配管、配线、桥架、机柜、操作台、配线箱等安装。若发生，套用其他章节的相应定额。

六、本章不包括电缆接头制作。若发生，套用其他章节的相应定额。

七、本章设备固定架、支架的安装，按设备配套成品供货考虑，不包括制作。若发生，套用其他章节的相应定额。

八、本章不包括电源、防雷接地等。若发生，套用其他章节的相应定额。

九、有关本系统中计算机网络设备、管理软件等安装、调试参照其他章节的相应定额。

工程量计算规则

一、入侵探测设备安装、调试，以 “套”计算。

二、报警信号接收机安装、调试，以“系统”计算。

三、出入口控制设备安装、调试，以“台”计算。

四、视频安防监控设备安装、调试，以“台”计算。

五、防护罩安装，以“套”计算。

六、显示装置安装、调试，以“m^2”计算。

七、安全检查设备安装、调试，以“台”计算。

八、楼宇对讲设备安装、调试，以“台”计算。

九、电子巡查设备安装、调试，以“个”计算。

十、停车场管理设备安装、调试，以 “套”计算。

十一、停车场管理收费系统联调，以“系统”计算。

十二、系统试运行，以“系统”计算。

十三、入侵报警系统的系统调试以报警控制主机的防区数量，视频安防监控系统以摄像机的台数，安全检查系统以通道数，楼宇对讲系统以户数，电子巡查系统以信息采集点数，停车场管理收费系统、智能通道闸以通道数，作为系统规模的划分。

一、入侵报警设备安装、调试

1.入侵探测器安装

工作内容：开箱检验、组装、检查基础、定位、固定、接线、安装、调试。　　　　计量单位：套

定额编号				A5-6-1	A5-6-2	A5-6-3
项目名称				开关		
				门(窗)磁		卷闸
				有线	无线	
基价（元）				14.79	11.99	24.59
其中	人工费（元）			14.00	11.20	23.80
	材料费（元）			0.79	0.79	0.79
	机械费（元）			—	—	—
名称		单位	单价(元)	消耗量		
人工	综合工日	工日	140.00	0.100	0.080	0.170
材料	冲击钻头 φ8	个	5.38	0.040	0.040	0.040
	工业酒精 99.5%	kg	1.36	0.010	0.010	0.010
	棉纱头	kg	6.00	0.050	0.050	0.050
	木螺钉 M4×40以下	10个	0.20	0.410	0.410	0.410
	脱脂棉	kg	17.86	0.010	0.010	0.010

工作内容：开箱检验、组装、检查基础、定位、固定、接线、安装、调试。　　　　计量单位：套

定额编号				A5-6-4	A5-6-5
项目名称				报警按钮	
				有线式报警	无线式报警
基价（元）				6.16	3.36
其中	人工费（元）			5.60	2.80
	材料费（元）			0.56	0.56
	机械费（元）			—	—
名称		单位	单价(元)	消耗量	
人工	综合工日	工日	140.00	0.040	0.020
材料	镀锌螺栓 M4×25	套	0.12	2.040	2.040
	工业酒精 99.5%	kg	1.36	0.010	0.010
	棉纱头	kg	6.00	0.050	0.050

工作内容：开箱检验、组装、检查基础、定位、固定、接线、安装、调试。　　计量单位：套

定额编号				A5-6-6	A5-6-7	A5-6-8
项目名称				探测器		
				被动红外		红外幕帘
				有线	无线	
基价（元）				28.56	21.56	31.36
其中	人工费（元）			28.00	21.00	30.80
	材料费（元）			0.56	0.56	0.56
	机械费（元）			—	—	—
名称		单位	单价(元)	消耗量		
人工	综合工日	工日	140.00	0.200	0.150	0.220
材料	镀锌螺栓 M4×25	套	0.12	2.040	2.040	2.040
	工业酒精 99.5%	kg	1.36	0.010	0.010	0.010
	棉纱头	kg	6.00	0.050	0.050	0.050

工作内容：开箱检验、组装、检查基础、定位、固定、接线、安装、调试。　　计量单位：套

定额编号				A5-6-9	A5-6-10
项目名称				探测器	
				多技术复合	多技术复合(长距离)
基价（元）				21.56	25.76
其中	人工费（元）			21.00	25.20
	材料费（元）			0.56	0.56
	机械费（元）			—	—
名称		单位	单价(元)	消耗量	
人工	综合工日	工日	140.00	0.150	0.180
材料	镀锌螺栓 M4×25	套	0.12	2.040	2.040
	工业酒精 99.5%	kg	1.36	0.010	0.010
	棉纱头	kg	6.00	0.050	0.050

工作内容：开箱检验、组装、检查基础、定位、固定、接线、安装、调试。　　计量单位：套

定额编号				A5-6-11	A5-6-12	A5-6-13	A5-6-14
项目名称				探测器			
				微波	超声波	驻波	声波
基价（元）				18.58	18.76	21.56	18.76
其中	人工费（元）			18.20	18.20	21.00	18.20
	材料费（元）			0.38	0.56	0.56	0.56
	机械费（元）			—	—	—	—
名称		单位	单价(元)	消耗量			
人工	综合工日	工日	140.00	0.130	0.130	0.150	0.130
材料	镀锌螺栓 M4×25	套	0.12	2.040	2.040	2.040	2.040
	工业酒精 99.5%	kg	1.36	0.010	0.010	0.010	0.010
	棉纱头	kg	6.00	0.020	0.050	0.050	0.050

工作内容：开箱检验、组装、检查基础、定位、固定、接线、安装、调试。　　计量单位：套

定额编号				A5-6-15	A5-6-16	A5-6-17
项目名称				探测器		
				玻璃破碎	振动	主动红外(1收1发)
基价（元）				18.76	21.56	56.57
其中	人工费（元）			18.20	21.00	56.00
	材料费（元）			0.56	0.56	0.57
	机械费（元）			—	—	—
名称		单位	单价(元)	消耗量		
人工	综合工日	工日	140.00	0.130	0.150	0.400
材料	镀锌螺栓 M4×25	套	0.12	2.040	2.040	2.040
	工业酒精 99.5%	kg	1.36	0.010	0.010	0.020
	棉纱头	kg	6.00	0.050	0.050	0.050

注：主动红外探测器安装已包括支架的安装。

工作内容：开箱检验、组装、检查基础、定位、固定、接线、安装、调试。　　计量单位：套

定额编号				A5-6-18	A5-6-19
项目名称				探测器	
				微波墙式	次声
基价（元）				21.56	18.76
其中	人工费（元）			21.00	18.20
	材料费（元）			0.56	0.56
	机械费（元）			—	—
名称		单位	单价(元)	消耗量	
人工	综合工日	工日	140.00	0.150	0.130
材料	镀锌螺栓 M4×25	套	0.12	2.040	2.040
	工业酒精 99.5%	kg	1.36	0.010	0.010
	棉纱头	kg	6.00	0.050	0.050

注：主动红外探测器安装已包括支架的安装。

工作内容：开箱检验、组装、检查基础、定位、固定、接线、安装、调试。　　计量单位：套

定额编号				A5-6-20	A5-6-21	A5-6-22
项目名称				无线报警探测器	声控头报警声音复核装置	主动防护烟雾产生器
基价（元）				14.32	21.24	70.30
其中	人工费（元）			14.00	21.00	70.00
	材料费（元）			0.32	0.24	0.30
	机械费（元）			—	—	—
名称		单位	单价(元)	消耗量		
人工	综合工日	工日	140.00	0.100	0.150	0.500
材料	镀锌螺栓 M4×25	套	0.12	2.040	2.040	2.040
	工业酒精 99.5%	kg	1.36	0.010	—	—
	棉纱头	kg	6.00	0.010	—	0.010

工作内容：开箱检验、组装、检查基础、定位、固定、接线、安装、调试。　　计量单位：100m

定额编号				A5-6-23
项目名称				电子围栏合金线
基价（元）				184.58
其中	人工费（元）			182.00
	材料费（元）			0.48
	机械费（元）			2.10
名称		单位	单价(元)	消耗量
人工	综合工日	工日	140.00	1.300
材料	合金线	m	—	(103.000)
	紧线器	只	—	(30.000)
	尼龙扎带 L=100～150	个	0.04	6.000
	线号套管(综合) Φ3.5mm	只	0.12	2.000
机械	对讲机(一对)	台班	4.19	0.500

工作内容：开箱检验、组装、检查基础、定位、固定、接线、安装、调试。 计量单位：根

定额编号				A5-6-24
项目名称				支撑杆
基价（元）				1.69
其中	人工费（元）			1.40
	材料费（元）			0.29
	机械费（元）			—
名称		单位	单价（元）	消耗量
人工	综合工日	工日	140.00	0.010
材料	绝缘子	个	—	(30.000)
	支撑杆	根	—	(5.000)
	冲击钻头 φ8	个	5.38	0.040
	木螺钉 M4×40以下	10个	0.20	0.210
	尼龙胀管 φ6～8	个	0.17	0.210

工作内容：开箱检验、组装、检查基础、定位、固定、接线、安装、调试。　　计量单位：套

定额编号				A5-6-25	A5-6-26
项目名称				激光入侵探测器	
				双层双向	四层双向
				以内1收1发	
基价（元）				171.04	283.04
其中	人工费（元）			168.00	280.00
	材料费（元）			3.04	3.04
	机械费（元）			—	—
名称		单位	单价(元)	消耗量	
人工	综合工日	工日	140.00	1.200	2.000
材料	冲击钻头 φ8	个	5.38	0.080	0.080
	工业酒精 99.5%	kg	1.36	0.010	0.010
	焊锡丝	kg	54.10	0.010	0.010
	棉纱头	kg	6.00	0.050	0.050
	尼龙胀管 φ6～8	个	0.17	4.120	4.120
	膨胀螺栓 M6	套	0.17	4.080	4.080
	脱脂棉	kg	17.86	0.020	0.020

工作内容：开箱检验、组装、检查基础、定位、固定、接线、安装、调试。　　　　计量单位：台

定额编号				A5-6-27
项目名称				激光中继器
基价（元）				65.21
其中	人工费（元）			63.00
	材料费（元）			2.21
	机械费（元）			—
名称		单位	单价（元）	消耗量
人工	综合工日	工日	140.00	0.450
材料	冲击钻头 Φ8	个	5.38	0.040
	工业酒精 99.5%	kg	1.36	0.010
	焊锡丝	kg	54.10	0.010
	棉纱头	kg	6.00	0.050
	木螺钉 M4×40以下	10个	0.20	0.410
	尼龙胀管 Φ6～8	个	0.17	4.120
	脱脂棉	kg	17.86	0.020

工作内容：开箱检验、敷设、锯断、挂牌。　　计量单位：套

定额编号				A5-6-28	A5-6-29
项目名称				泄漏、感应式电缆	地音
				探测器(不含电缆)	
基价（元）				171.11	171.11
其中	人工费（元）			168.00	168.00
	材料费（元）			3.11	3.11
	机械费（元）			—	—
名称		单位	单价(元)	消耗量	
人工	综合工日	工日	140.00	1.200	1.200
材料	标志牌	个	1.37	2.040	2.040
	工业酒精 99.5%	kg	1.36	0.010	0.010
	棉纱头	kg	6.00	0.050	0.050

2. 入侵报警控制设备安装

工作内容：开箱检验、组装、检查基础、定位、固定、接线、安装、调试。　　　　　计量单位：台

定额编号				A5-6-30	A5-6-31	A5-6-32	A5-6-33
项目名称				多线制入侵报警控制器			
				≤8路	≤16路	≤32路	≤64路
基价（元）				**153.19**	**193.34**	**247.76**	**304.42**
其中	人工费（元）			140.00	175.00	224.00	280.00
	材料费（元）			0.33	0.34	0.61	1.27
	机械费（元）			12.86	18.00	23.15	23.15
名称		单位	单价(元)	消耗量			
人工	综合工日	工日	140.00	1.000	1.250	1.600	2.000
材料	工业酒精 99.5%	kg	1.36	0.020	0.030	0.010	0.050
	棉纱头	kg	6.00	0.050	0.050	0.100	0.200
机械	双踪多功能示波器 XJ4245	台班	25.72	0.500	0.700	0.900	0.900

工作内容：开箱检验、组装、检查基础、定位、固定、接线、安装、调试。　　计量单位：台

定额编号				A5-6-34	A5-6-35	A5-6-36
项目名称				总线制入侵报警控制器		
				≤64路	≤128路	≤256路
基价（元）				238.96	454.48	600.05
其中	人工费（元）			210.00	420.00	560.00
	材料费（元）			0.67	1.04	1.47
	机械费（元）			28.29	33.44	38.58
名称		单位	单价(元)	消耗量		
人工	综合工日	工日	140.00	1.500	3.000	4.000
材料	工业酒精 99.5%	kg	1.36	0.050	0.100	0.200
	棉纱头	kg	6.00	0.100	0.150	0.200
机械	双踪多功能示波器 XJ4245	台班	25.72	1.100	1.300	1.500

工作内容：开箱检验、组装、检查基础、定位、固定、接线、安装、调试。　　计量单位：台

定额编号					A5-6-37	A5-6-38
项目名称					视频报警控制器安装	
					模拟式	数字式
基价（元）					140.37	168.33
其中	人工费（元）				140.00	168.00
	材料费（元）				0.37	0.33
	机械费（元）				—	—
名称			单位	单价(元)	消耗量	
人工	综合工日		工日	140.00	1.000	1.200
材料	工业酒精 99.5%		kg	1.36	0.050	0.020
	棉纱头		kg	6.00	0.050	0.050

工作内容：开箱检验、组装、检查基础、定位、固定、接线、安装、调试。　　计量单位：台

定额编号					A5-6-39	A5-6-40
项目名称					联动通讯接口	激光报警控制器
基价（元）					15.10	168.33
其中	人工费（元）				14.00	168.00
	材料费（元）				1.10	0.33
	机械费（元）				—	—
名称		单位	单价(元)		消耗量	
人工	综合工日	工日	140.00		0.100	1.200
材料	工业酒精 99.5%	kg	1.36		0.020	0.020
	棉纱头	kg	6.00		0.050	0.050
	木螺钉 M4×40以下	10个	0.20		0.410	—
	尼龙胀管 φ6～8	个	0.17		4.080	—

工作内容：开箱检验、组装、检查基础、定位、固定、接线、安装、调试。　　计量单位：台

定额编号				A5-6-41
项目名称				编址器
基价（元）				14.25
其中	人工费（元）			14.00
	材料费（元）			0.25
	机械费（元）			—
名称		单位	单价(元)	消耗量
人工	综合工日	工日	140.00	0.100
材料	工业酒精 99.5%	kg	1.36	0.010
	棉纱头	kg	6.00	0.040

工作内容：开箱检验、组装、检查基础、定位、固定、接线、安装、调试。　　计量单位：只

定额编号				A5-6-42
项目名称				接口模块
基价（元）				14.25
其中	人工费（元）			14.00
	材料费（元）			0.25
	机械费（元）			—
名称		单位	单价（元）	消耗量
人工	综合工日	工日	140.00	0.100
材料	工业酒精 99.5%	kg	1.36	0.010
	棉纱头	kg	6.00	0.040

工作内容：开箱检验、组装、检查基础、定位、固定、接线、安装、调试。　　计量单位：台

定额编号				A5-6-43	A5-6-44
项目名称				控制键盘	中继器
基价（元）				42.33	21.25
其中	人工费（元）			42.00	21.00
	材料费（元）			0.33	0.25
	机械费（元）			—	—
名称		单位	单价（元）	消耗量	
人工	综合工日	工日	140.00	0.300	0.150
材料	工业酒精 99.5%	kg	1.36	0.020	0.010
	棉纱头	kg	6.00	0.050	0.040

3. 入侵报警指示设备安装

工作内容：开箱检验、测试、组装、定位、安装、接线。　　　　计量单位：只

定额编号				A5-6-45	A5-6-46	A5-6-47
项目名称				报警灯	警铃	警号
基价（元）				15.11	17.91	17.91
其中	人工费（元）			14.00	16.80	16.80
	材料费（元）			1.11	1.11	1.11
	机械费（元）			—	—	—
名称		单位	单价(元)	消耗量		
人工	综合工日	工日	140.00	0.100	0.120	0.120
材料	冲击钻头 φ8	个	5.38	0.040	0.040	0.040
	棉纱头	kg	6.00	0.020	0.020	0.020
	木螺钉 M4×40以下	10个	0.20	0.410	0.410	0.410
	尼龙胀管 φ6～8	个	0.17	4.080	4.080	4.080

4. 入侵报警信号传输设备安装

工作内容：开箱检验、组装、检查基础、定位、接线、安装、调试。　　　　计量单位：套

定额编号				A5-6-48	A5-6-49	A5-6-50	A5-6-51
项目名称				传输发送、接收设备			网络传输接口
				电话线	电源线	专线	
基价（元）				62.17	45.60	70.31	21.13
其中	人工费（元）			49.00	35.00	70.00	21.00
	材料费（元）			0.31	0.31	0.31	0.13
	机械费（元）			12.86	10.29	—	—
名称		单位	单价(元)	消耗量			
人工	综合工日	工日	140.00	0.350	0.250	0.500	0.150
材料	工业酒精 99.5%	kg	1.36	0.010	0.010	0.010	0.010
	棉纱头	kg	6.00	0.050	0.050	0.050	0.020
机械	双踪多功能示波器 XJ4245	台班	25.72	0.500	0.400	—	—

工作内容：开箱检查、设备组装、检查基础、划线定位、安装调试。　　计量单位：套

定额编号				A5-6-52	A5-6-53	A5-6-54
项目名称				无线报警		
				发送设备		接收设备
				2W以下	5W以下	
基价（元）				113.27	208.13	210.33
其中	人工费（元）			70.00	140.00	210.00
	材料费（元）			0.33	0.33	0.33
	机械费（元）			42.94	67.80	—
名称		单位	单价(元)	消耗量		
人工	综合工日	工日	140.00	0.500	1.000	1.500
材料	工业酒精 99.5%	kg	1.36	0.020	0.020	0.020
	棉纱头	kg	6.00	0.050	0.050	0.050
机械	中功率计 HP436B	台班	45.20	0.950	1.500	—

5. 系统调试

工作内容：防区编码、功能检验、调试、打印报警记录、填写测试报告。　　计量单位：个

定额编号				A5-6-55
项目名称				系统调试(报警防区)
基价（元）				**28.22**
其中	人工费（元）			28.00
	材料费（元）			0.18
	机械费（元）			0.04
名称		**单位**	**单价(元)**	**消耗量**
人工	综合工日	工日	140.00	0.200
材料	打印纸 A4	包	17.50	0.010
机械	对讲机(一对)	台班	4.19	0.010

注：一般以系统报警控制主机的总防区数量，作为系统规模大小的依据。

二、出入口控制设备安装、调试

1. 目标识别设备安装

工作内容：开箱检查、设备初验、安装设备、调整、调试。　　　　计量单位：台

定　额　编　号				A5-6-56	A5-6-57
项　目　名　称				发卡器	读卡器
基　价（元）				**14.00**	**70.49**
其中	人　工　费（元）			14.00	70.00
	材　料　费（元）			—	0.49
	机　械　费（元）			—	—
名　称		单位	单价(元)	消　耗　量	
人工	综合工日	工日	140.00	0.100	0.500
材料	镀锌螺栓 M4×25	套	0.12	—	4.080

工作内容：开箱检查、设备初验、安装设备、调整、调试。　　　　　　　　　　　　　计量单位：台

定额编号					A5-6-58	A5-6-59
项目名称					指纹门禁系统	
					指纹采集器	指纹识别器
基价（元）					**70.49**	**84.49**
其中	人工费（元）				70.00	84.00
	材料费（元）				0.49	0.49
	机械费（元）				—	—
名称		**单位**	**单价(元)**		**消耗量**	
人工	综合工日	工日	140.00		0.500	0.600
材料	镀锌螺栓 M4×25	套	0.12		4.080	4.080

工作内容：开箱检查、设备初验、安装设备、调整、系统调试。　　　　计量单位：台

定额编号				A5-6-60	A5-6-61
项目名称				面部识别系统	
				面部信息采集器	面部识别器
基价（元）				70.49	84.49
其中	人工费（元）			70.00	84.00
	材料费（元）			0.49	0.49
	机械费（元）			—	—
名称		单位	单价(元)	消耗量	
人工	综合工日	工日	140.00	0.500	0.600
材料	镀锌螺栓 M4×25	套	0.12	4.080	4.080

工作内容：开箱检查、设备初验、安装设备、调整、系统调试。　　计量单位：台

定额编号				A5-6-62
项目名称				密码键盘
基价（元）				28.49
其中	人工费（元）			28.00
	材料费（元）			0.49
	机械费（元）			—
名称		单位	单价(元)	消耗量
人工	综合工日	工日	140.00	0.200
材料	镀锌螺栓 M4×25	套	0.12	4.080

2. 控制设备安装

工作内容：开箱检查、设备初验、安装设备、调整。 计量单位：台

定额编号				A5-6-63	A5-6-64	A5-6-65
项目名称				单门	双门	四门
				门禁控制器		
基价（元）				70.85	106.03	176.20
其中	人工费（元）			70.00	105.00	175.00
	材料费（元）			0.85	1.03	1.20
	机械费（元）			—	—	—
名称		单位	单价（元）	消耗量		
人工	综合工日	工日	140.00	0.500	0.750	1.250
材料	镀锌螺栓 M4×25	套	0.12	4.080	4.080	4.080
	脱脂棉	kg	17.86	0.020	0.030	0.040

工作内容：开箱检查、设备初验、安装设备、调整。　　　　计量单位：台

定额编号				A5-6-66	A5-6-67
项目名称				八门	十六门
				门禁控制器	
基价（元）				211.38	421.74
其中	人工费（元）			210.00	420.00
	材料费（元）			1.38	1.74
	机械费（元）			—	—
名称		单位	单价（元）	消耗量	
人工	综合工日	工日	140.00	1.500	3.000
材料	镀锌螺栓 M4×25	套	0.12	4.080	4.080
	脱脂棉	kg	17.86	0.050	0.070

3. 执行机构设备安装

工作内容：开箱检查、设备初验、安装设备、调整、系统调试。　　　　计量单位：台

定额编号				A5-6-68	A5-6-69	A5-6-70
项目名称				电控锁	电磁吸力锁	电子密码锁
基价（元）				70.00	105.50	28.50
其中	人工费（元）			70.00	105.00	28.00
	材料费（元）			—	0.50	0.50
	机械费（元）			—	—	—
名称		单位	单价(元)	消耗量		
人工	综合工日	工日	140.00	0.500	0.750	0.200
材料	自攻螺丝 M10×30～50	个	0.15	—	2.000	2.000
	自攻螺丝 M5×25	个	0.02	—	4.000	4.000
	自攻螺丝 M8×35	个	0.03	—	4.000	4.000

工作内容：开箱检查、设备初验、安装设备、调整、系统调试。　　计量单位：个

定额编号				A5-6-71
项目名称				出门按钮
基价（元）				7.24
其中	人工费（元）			7.00
	材料费（元）			0.24
	机械费（元）			—
名称		单位	单价(元)	消耗量
人工	综合工日	工日	140.00	0.050
材料	镀锌螺栓 M4×25	套	0.12	2.040

工作内容：开箱检查、设备初验、安装设备、调整、系统调试。　　　　计量单位：台

定额编号				A5-6-72	A5-6-73
项目名称				自动闭门器	人行通道闸
基价（元）				35.20	566.23
其中	人工费（元）			35.00	560.00
	材料费（元）			0.20	6.23
	机械费（元）			—	—
名称		单位	单价(元)	消耗量	
人工	综合工日	工日	140.00	0.250	4.000
材料	冲击钻头 φ8	个	5.38	—	0.050
	膨胀螺栓 M12	套	0.73	—	8.160
	自攻螺丝 M5×25	个	0.02	4.000	—
	自攻螺丝 M8×35	个	0.03	4.000	—

4. 系统调试

工作内容：工作准备、指标测试、功能测试。　　计量单位：系统

定额编号				A5-6-74	A5-6-75	A5-6-76	A5-6-77
项目名称				出入口系统调试			
				双门	四门	八门	十六门
基价（元）				143.35	215.45	359.22	576.76
其中	人工费（元）			140.00	210.00	350.00	560.00
	材料费（元）			—	—	—	—
	机械费（元）			3.35	5.45	9.22	16.76
名称		单位	单价(元)	消耗量			
人工	综合工日	工日	140.00	1.000	1.500	2.500	4.000
机械	对讲机(一对)	台班	4.19	0.800	1.300	2.200	4.000

三、电子巡查设备安装、调试

1. 电子巡查设备安装

工作内容：开箱检验、定位、安装、接线。　　　　计量单位：个

定额编号				A5-6-78	A5-6-79	A5-6-80
项目名称				巡查信息采集器	巡查记录传送模块	
					有线式	无线式
基价（元）				14.00	28.00	21.00
其中	人工费（元）			14.00	28.00	21.00
	材料费（元）			—	—	—
	机械费（元）			—	—	—
名称		单位	单价(元)	消耗量		
人工	综合工日	工日	140.00	0.100	0.200	0.150

工作内容：开箱检验、定位、安装、接线。　　计量单位：只

定额编号				A5-6-81	A5-6-82
项目名称				信息钮(信息点)	
				有线式	无线式
基价（元）				21.45	14.25
其中	人工费（元）			21.00	14.00
	材料费（元）			0.45	0.25
	机械费（元）			—	—
名称		单位	单价(元)	消耗量	
人工	综合工日	工日	140.00	0.150	0.100
材料	工业酒精 99.5%	kg	1.36	0.020	—
	脱脂棉	kg	17.86	0.010	—
	自攻螺丝 M6×45	个	0.12	2.060	2.060

工作内容：开箱检验、定位、安装、接线。　　计量单位：台

定额编号				A5-6-83
项目名称				电子巡更系统
				通信座
基价（元）				70.00
其中	人工费（元）			70.00
	材料费（元）			—
	机械费（元）			—
名称		单位	单价(元)	消耗量
人工	综合工日	工日	140.00	0.500

2. 系统调试

工作内容：调试软件、信息采集试验、打印记录、测试。　　计量单位：系统

定额编号				A5-6-84	A5-6-85	A5-6-86	A5-6-87
项目名称				电子巡查系统调试(信息点)			
				有线式		无线式	
				50点以内	每增加10点	50点以内	每增加10点
基价（元）				**425.38**	**67.45**	**313.38**	**43.08**
其中	人工费（元）			420.00	63.00	308.00	42.00
	材料费（元）			3.50	0.70	3.50	0.70
	机械费（元）			1.88	3.75	1.88	0.38
名称		**单位**	**单价(元)**	**消耗量**			
人工	综合工日	工日	140.00	3.000	0.450	2.200	0.300
材料	打印纸 A4	包	17.50	0.200	0.040	0.200	0.040
机械	笔记本电脑	台班	9.38	0.200	0.400	0.200	0.040

四、视频安防监控设备安装、调试

1. 摄像设备

工作内容：开箱检验、检测、检查基础、定位开孔、接线、安装、调试。　　　　计量单位：台

定额编号				A5-6-88	A5-6-89
项目名称				摄像机	
				彩色CCD、黑白CCD	彩色、黑白半球
基价（元）				135.82	143.74
其中	人工费（元）			134.40	140.00
	材料费（元）			0.22	0.30
	机械费（元）			1.20	3.44
名称		单位	单价(元)	消耗量	
人工	综合工日	工日	140.00	0.960	1.000
材料	工业酒精 99.5%	kg	1.36	0.030	0.030
	脱脂棉	kg	17.86	0.010	0.010
	自攻螺丝 M6×25	个	0.02	—	4.080
机械	彩色监视器 14″	台班	4.47	—	0.500
	网络监控测试仪	台班	6.01	0.200	0.200

工作内容：开箱检验、检测、检查基础、定位开孔、接线、安装、调试。　　　　计量单位：台

定额编号				A5-6-90	A5-6-91
项目名称				摄像机	
				一体化带镜头	一体化球型
				彩色、黑白	
基价（元）				169.41	176.39
其中	人工费（元）			168.00	175.00
	材料费（元）			0.21	0.19
	机械费（元）			1.20	1.20
名称		单位	单价(元)	消耗量	
人工	综合工日	工日	140.00	1.200	1.250
材料	工业酒精 99.5%	kg	1.36	0.020	0.010
	脱脂棉	kg	17.86	0.010	0.010
机械	网络监控测试仪	台班	6.01	0.200	0.200

工作内容：开箱检验、检测、检查基础、定位开孔、接线、安装、调试。　　计量单位：台

定额编号				A5-6-92	A5-6-93	A5-6-94	A5-6-95
项目名称				摄像机			
				网络	迷你、针孔	微光	X光
基价（元）				141.42	113.41	141.39	141.39
其中	人工费（元）			140.00	112.00	140.00	140.00
	材料费（元）			0.22	0.21	0.19	0.19
	机械费（元）			1.20	1.20	1.20	1.20
名称		单位	单价(元)	消耗量			
人工	综合工日	工日	140.00	1.000	0.800	1.000	1.000
材料	工业酒精 99.5%	kg	1.36	0.030	0.020	0.010	0.010
	脱脂棉	kg	17.86	0.010	0.010	0.010	0.010
机械	网络监控测试仪	台班	6.01	0.200	0.200	0.200	0.200

工作内容：开箱检验、检测、检查基础、定位开孔、接线、安装、调试。 计量单位：台

定额编号				A5-6-96	A5-6-97
项目名称				摄像机	
				带红外灯	电梯轿箱用
基价（元）				141.39	171.57
其中	人工费（元）			140.00	168.00
	材料费（元）			0.19	0.27
	机械费（元）			1.20	3.30
名称		单位	单价(元)	消耗量	
人工	综合工日	工日	140.00	1.000	1.200
材料	工业酒精 99.5%	kg	1.36	0.010	0.010
	脱脂棉	kg	17.86	0.010	0.010
	自攻螺丝 M6×25	个	0.02	—	4.080
机械	对讲机(一对)	台班	4.19	—	0.500
	网络监控测试仪	台班	6.01	0.200	0.200

工作内容：搬运、开箱检查、清点设备、设备组装、检查基础、安装设备、接线、标记、通电检查、清理现场。

计量单位：台

定额编号				A5-6-98
项目名称				摄录一体机
基价（元）				143.48
其中	人工费（元）			140.00
	材料费（元）			1.86
	机械费（元）			1.62
名称		单位	单价(元)	消耗量
人工	综合工日	工日	140.00	1.000
材料	其他材料费	元	1.00	1.860
机械	对讲机(一对)	台班	4.19	0.100
	网络监控测试仪	台班	6.01	0.200

工作内容：搬运、开箱检查、清点设备、设备组装、检查基础、安装设备、接线、标记、通电检查、清理现场。

计量单位：台

定额编号				A5-6-99	A5-6-100	A5-6-101
项目名称				微型	室内外云台	高速智能球型
				摄像机		
基价（元）				213.48	257.28	257.28
其中	人工费（元）			210.00	252.00	252.00
	材料费（元）			1.86	1.86	1.86
	机械费（元）			1.62	3.42	3.42
名称		单位	单价(元)	消耗量		
人工	综合工日	工日	140.00	1.500	1.800	1.800
材料	其他材料费	元	1.00	1.860	1.860	1.860
机械	对讲机(一对)	台班	4.19	0.100	0.100	0.100
	网络监控测试仪	台班	6.01	0.200	0.500	0.500

工作内容：搬运、开箱检查、清点设备、设备组装、检查基础、安装设备、接线、标记、通电检查、清理现场。

计量单位：台

定额编号				A5-6-102	A5-6-103
项目名称				水下	医用显微
				摄像机	
基价（元）				298.19	144.15
其中	人工费（元）			280.00	140.00
	材料费（元）			6.80	0.85
	机械费（元）			11.39	3.30
名称		单位	单价(元)	消耗量	
人工	综合工日	工日	140.00	2.000	1.000
材料	其他材料费	元	1.00	6.800	0.850
机械	对讲机(一对)	台班	4.19	2.000	0.500
	网络监控测试仪	台班	6.01	0.500	0.200

工作内容：搬运、开箱检查、清点设备、设备组装、检查基础、安装设备、接线、标记、通电检查、清理现场。

计量单位：套

定额编号				A5-6-104
项目名称				网络摄像机控制软件
基价（元）				70.00
其中	人工费（元）			70.00
	材料费（元）			—
	机械费（元）			—
名称		单位	单价(元)	消耗量
人工	综合工日	工日	140.00	0.500

2. 镜头

工作内容：开箱检验、检测、接线、安装、调试。　　　　计量单位：只

定额编号				A5-6-105	A5-6-106	A5-6-107	A5-6-108
项目名称				光圈镜头		变焦变倍镜头	
				定焦手动	定焦自动	自动光圈	电动光圈
基价（元）				**14.19**	**16.99**	**18.39**	**19.79**
其中	人工费（元）			14.00	16.80	18.20	19.60
	材料费（元）			0.19	0.19	0.19	0.19
	机械费（元）			—	—	—	—
名称		**单位**	**单价(元)**	**消耗量**			
人工	综合工日	工日	140.00	0.100	0.120	0.130	0.140
材料	工业酒精 99.5%	kg	1.36	0.010	0.010	0.010	0.010
	脱脂棉	kg	17.86	0.010	0.010	0.010	0.010

工作内容：开箱检验、检测、接线、安装、调试。　　　　计量单位：只

定额编号				A5-6-109	A5-6-110
项目名称				小孔镜头 隐蔽安装	光圈、焦距、聚焦 三可变镜头
基价（元）				42.19	28.61
其中	人工费（元）			42.00	28.00
	材料费（元）			0.19	0.19
	机械费（元）			—	0.42
名称		单位	单价(元)	消耗量	
人工	综合工日	工日	140.00	0.300	0.200
材料	工业酒精 99.5%	kg	1.36	0.010	0.010
	脱脂棉	kg	17.86	0.010	0.010
机械	对讲机(一对)	台班	4.19	—	0.100

3. 防护罩、支架及摄像机立杆

工作内容：开箱检查、组装、检查基础、定位打孔、找正调整、接线、安装、检测。　　计量单位：个

定额编号				A5-6-111	A5-6-112	A5-6-113	A5-6-114
项目名称				防护罩			
				普通	密封、防酸	全天候	防爆
基价（元）				**48.70**	**76.70**	**90.70**	**104.70**
其中	人工费（元）			42.00	70.00	84.00	98.00
	材料费（元）			6.70	6.70	6.70	6.70
	机械费（元）			—	—	—	—
名称		单位	单价(元)	消耗量			
人工	综合工日	工日	140.00	0.300	0.500	0.600	0.700
材料	镀锌六角螺栓带帽 M8×30	10套	3.70	0.410	0.410	0.410	0.410
	金属软管 CP20	m	2.70	0.800	0.800	0.800	0.800
	棉纱头	kg	6.00	0.020	0.020	0.020	0.020
	其他材料费	元	1.00	2.900	2.900	2.900	2.900

工作内容：开箱检查、组装、检查基础、定位打孔、找正调整、接线、安装、检测。　　计量单位：套

定额编号				A5-6-115	A5-6-116	A5-6-117	A5-6-118
项目名称				摄像机支架		摄像机立杆	
				壁式	悬挂式支架	≤3.5m立杆	>3.5m立杆
基价（元）				59.04	70.23	256.46	517.37
其中	人工费（元）			56.00	67.20	210.00	280.00
	材料费（元）			3.04	3.03	11.77	11.77
	机械费（元）			—	—	34.69	225.60
名称		单位	单价（元）	消耗量			
人工	综合工日	工日	140.00	0.400	0.480	1.500	2.000
材料	立杆	套	—	—	—	(1.000)	(1.000)
	冲击钻头 φ12	个	6.75	0.040	0.040	—	—
	地脚螺栓 M14×120	套	2.50	—	—	4.080	4.080
	镀锌六角螺栓带帽 M10×40	10套	3.82	0.410	0.410	0.410	0.410
	棉纱头	kg	6.00	0.030	0.030	—	—
	膨胀螺栓 M10	套	0.25	4.080	4.040	—	—
机械	汽车式起重机 8t	台班	763.67	—	—	—	0.250
	载重汽车 2t	台班	346.86	—	—	0.100	0.100

4. 云台、外光源、解码器安装

工作内容：开箱检验、检测、定位打孔、找正调整、接线、安装、调试。　　　　计量单位：个

定额编号				A5-6-119	A5-6-120	A5-6-121	A5-6-122
项目名称				云台			外光源
				水平	万向	防爆、快速	
基价（元）				44.95	58.95	72.95	22.48
其中	人工费（元）			42.00	56.00	70.00	21.00
	材料费（元）			2.95	2.95	2.95	1.48
	机械费（元）			—	—	—	—
名称		单位	单价(元)	消耗量			
人工	综合工日	工日	140.00	0.300	0.400	0.500	0.150
材料	冲击钻头 φ10	个	5.98	0.040	0.040	0.040	—
	冲击钻头 φ8	个	5.38	—	—	—	0.040
	镀锌六角螺栓带帽 M10×40	10套	3.82	0.410	0.410	0.410	0.040
	工业酒精 99.5%	kg	1.36	—	—	—	0.030
	棉纱头	kg	6.00	0.020	0.020	0.020	0.020
	木螺钉 M4×40以下	10个	0.20	—	—	—	0.410
	尼龙胀管 φ6～8	个	0.17	—	—	—	4.080
	膨胀螺栓 M10	套	0.25	4.080	4.080	4.080	—
	脱脂棉	kg	17.86	—	—	—	0.010

工作内容：开箱检验、检测、定位打孔、找正调整、接线、安装、调试。　　计量单位：个

定额编号				A5-6-123	A5-6-124
项目名称				解码器	
				室内安装	室外安装
基价（元）				29.65	43.27
其中	人工费（元）			28.00	42.00
	材料费（元）			1.65	1.27
	机械费（元）			—	—
名称		单位	单价(元)	消耗量	
人工	综合工日	工日	140.00	0.200	0.300
材料	冲击钻头 φ8	个	5.38	0.040	0.040
	镀锌六角螺栓带帽 M10×40	10套	3.82	0.040	0.040
	工业酒精 99.5%	kg	1.36	0.020	0.020
	棉纱头	kg	6.00	0.050	—
	木螺钉 M4×40以下	10个	0.20	0.410	—
	尼龙胀管 φ6～8	个	0.17	4.080	—
	膨胀螺栓 M6	套	0.17	—	4.080
	脱脂棉	kg	17.86	0.010	0.010

5. 视频处理设备

工作内容：开箱检验、组装、固定、接线、安装、调试。　　计量单位：台

定额编号				A5-6-125	A5-6-126	A5-6-127	A5-6-128
项目名称				视频(音箱)矩阵			
				≤16路	≤32路	≤64路	≤128路
基价（元）				232.01	347.68	574.94	1367.79
其中	人工费（元）			224.00	336.00	560.00	1344.00
	材料费（元）			1.44	1.62	1.81	2.00
	机械费（元）			6.57	10.06	13.13	21.79
名称		单位	单价(元)	消耗量			
人工	综合工日	工日	140.00	1.600	2.400	4.000	9.600
材料	镀锌六角螺栓带帽 M6×25	10套	2.60	0.410	0.410	0.410	0.410
	工业酒精 99.5%	kg	1.36	0.010	0.010	0.020	0.030
	脱脂棉	kg	17.86	0.020	0.030	0.040	0.050
机械	彩色监视器 14″	台班	4.47	1.000	1.500	2.000	3.000
	对讲机(一对)	台班	4.19	0.500	0.800	1.000	2.000

工作内容：开箱检验、组装、固定、接线、安装、调试。 计量单位：台

定额编号				A5-6-129	A5-6-130	A5-6-131
项目名称				音、视频分配器		
				≤8路	≤16路	≤32路
基价（元）				**63.68**	**81.40**	**158.85**
其中	人工费（元）			56.00	70.00	140.00
	材料费（元）			2.05	2.95	4.77
	机械费（元）			5.63	8.45	14.08
名称		单位	单价(元)	消耗量		
人工	综合工日	工日	140.00	0.400	0.500	1.000
材料	镀锌六角螺栓带帽 M6×25	10套	2.60	0.410	0.410	0.410
	工业酒精 99.5%	kg	1.36	0.020	0.030	0.050
	棉纱头	kg	6.00	0.010	0.010	0.010
	脱脂棉	kg	17.86	0.050	0.100	0.200
机械	彩色监视器 14″	台班	4.47	0.400	0.600	1.000
	示波器	台班	9.61	0.400	0.600	1.000

工作内容：开箱检验、组装、固定、接线、安装、调试。　　计量单位：台

定额编号				A5-6-132	A5-6-133
项目名称				音、视频切换器	
				≤16路	≤32路
基价（元）				**75.58**	**143.76**
其中	人工费（元）			70.00	140.00
	材料费（元）			2.06	1.52
	机械费（元）			3.52	2.24
名称		单位	单价(元)	消耗量	
人工	综合工日	工日	140.00	0.500	1.000
材料	镀锌六角螺栓带帽 M6×25	10套	2.60	0.410	0.410
	工业酒精 99.5%	kg	1.36	0.030	0.030
	棉纱头	kg	6.00	0.010	0.010
	脱脂棉	kg	17.86	0.050	0.020
机械	彩色监视器 14″	台班	4.47	0.250	0.500
	示波器	台班	9.61	0.250	—

工作内容：开箱检验、组装、固定、接线、安装、调试。　　　　计量单位：台

定额编号				A5-6-134	A5-6-135
项目名称				画面分割器器	
				≤8路	≤16路
基价（元）				72.45	115.31
其中	人工费（元）			70.00	112.00
	材料费（元）			1.33	1.52
	机械费（元）			1.12	1.79
名称		单位	单价(元)	消耗量	
人工	综合工日	工日	140.00	0.500	0.800
材料	镀锌六角螺栓带帽 M6×25	10套	2.60	0.410	0.410
	工业酒精 99.5%	kg	1.36	0.020	0.030
	棉纱头	kg	6.00	0.010	0.010
	脱脂棉	kg	17.86	0.010	0.020
机械	彩色监视器 14″	台班	4.47	0.250	0.400

工作内容：开箱检验、组装、固定、接线、安装、调试。　　　　计量单位：台

定　额　编　号				A5-6-136
项　目　名　称				网络摄像机 专用视频服务器
基　　价（元）				172.19
其中	人　工　费（元）			168.00
	材　料　费（元）			1.51
	机　械　费（元）			2.68
名　　称		单位	单价(元)	消　耗　量
人工	综合工日	工日	140.00	1.200
材料	镀锌六角螺栓带帽 M6×25	10套	2.60	0.410
	工业酒精 99.5%	kg	1.36	0.020
	棉纱头	kg	6.00	0.010
	脱脂棉	kg	17.86	0.020
机械	彩色监视器 14″	台班	4.47	0.600

工作内容：开箱检验、组装、固定、接线、安装、调试。　　计量单位：台

定额编号				A5-6-137	A5-6-138
项目名称				云台控制器	时间、字符发生器
基价（元）				72.53	57.27
其中	人工费（元）			70.00	56.00
	材料费（元）			1.27	1.27
	机械费（元）			1.26	—
名称		单位	单价(元)	消耗量	
人工	综合工日	工日	140.00	0.500	0.400
材料	镀锌六角螺栓带帽 M6×25	10套	2.60	0.410	0.410
	工业酒精 99.5%	kg	1.36	0.020	0.020
	脱脂棉	kg	17.86	0.010	0.010
机械	对讲机(一对)	台班	4.19	0.300	—

工作内容：开箱检验、组装、固定、接线、安装、调试。

计量单位：台

定额编号				A5-6-139	A5-6-140
项目名称				联动模块、功能扩展模块	分控键盘
基价（元）				49.53	28.38
其中	人工费（元）			49.00	28.00
	材料费（元）			0.53	0.38
	机械费（元）			—	—
名称		单位	单价(元)	消耗量	
人工	综合工日	工日	140.00	0.350	0.200
材料	镀锌平机螺丝 M4×30	套	0.16	2.100	—
	工业酒精 99.5%	kg	1.36	0.010	0.020
	脱脂棉	kg	17.86	0.010	0.020

6. 图像记录设备

工作内容：开箱检验、组装、固定、接线、安装、调试。　　　　计量单位：台

定 额 编 号				A5-6-141
项 目 名 称				长时间录像机
基 价（元）				**170.88**
其中	人 工 费（元）			168.00
	材 料 费（元）			2.88
	机 械 费（元）			—
名 称		**单位**	**单价(元)**	**消 耗 量**
人工	综合工日	工日	140.00	1.200
材料	盒式磁带180min	盒	—	(1.000)
	镀锌六角螺栓带帽 M6×25	10套	2.60	0.410
	工业酒精 99.5%	kg	1.36	0.020
	脱脂棉	kg	17.86	0.100

工作内容：开箱检验、组装、固定、接线、安装、调试。　　计量单位：台

定额编号				A5-6-142	A5-6-143	A5-6-144
项目名称				数字式硬盘录像机		
				≤8路	≤16路	≤32路
基价（元）				221.17	333.17	501.20
其中	人工费（元）			210.00	322.00	490.00
	材料费（元）			2.88	2.88	2.91
	机械费（元）			8.29	8.29	8.29
名称		单位	单价(元)	消耗量		
人工	综合工日	工日	140.00	1.500	2.300	3.500
材料	镀锌六角螺栓带帽 M6×25	10套	2.60	0.410	0.410	0.410
	工业酒精 99.5%	kg	1.36	0.020	0.020	0.040
	脱脂棉	kg	17.86	0.100	0.100	0.100
机械	电视信号发生器	台班	8.29	1.000	1.000	1.000

7. 传输设备

工作内容：开箱检验、安装、接线、调试、试运行。　　计量单位：台

定额编号					A5-6-145	A5-6-146
项目名称					视频放大器、视频补偿器	
					单通道	≤8通道
基价（元）					15.27	141.27
其中	人工费（元）				14.00	140.00
	材料费（元）				1.27	1.27
	机械费（元）				—	—
名称			单位	单价(元)	消耗量	
人工	综合工日		工日	140.00	0.100	1.000
材料	镀锌六角螺栓带帽 M6×25		10套	2.60	0.410	0.410
	工业酒精 99.5%		kg	1.36	0.020	0.020
	脱脂棉		kg	17.86	0.010	0.010

工作内容：开箱检验、安装、接线、调试、试运行。 计量单位：套

定额编号				A5-6-147	A5-6-148	A5-6-149
项目名称				多路遥控		解码驱动器
				发射	接收	
				设备安装		
基价（元）				211.38	211.38	39.38
其中	人工费（元）			210.00	210.00	35.00
	材料费（元）			1.38	1.38	4.38
	机械费（元）			—	—	—
名称		单位	单价(元)	消耗量		
人工	综合工日	工日	140.00	1.500	1.500	0.250
材料	半圆头螺栓带帽 M5×25	10套	0.80	—	—	5.100
	镀锌六角螺栓带帽 M6×25	10套	2.60	0.410	0.410	—
	工业酒精 99.5%	kg	1.36	0.010	0.010	—
	棉纱头	kg	6.00	0.050	0.050	0.050

8. 显示设备

工作内容：开箱检验、安装、接线、调试。　　　　计量单位：台

定额编号				A5-6-150	A5-6-151	A5-6-152	A5-6-153
项目名称				彩色、黑白监视器			楼层显示器
				≤37cm	≤56cm	>56cm	
基价（元）				**56.33**	**84.33**	**126.33**	**58.53**
其中	人工费（元）			56.00	84.00	126.00	56.00
	材料费（元）			0.33	0.33	0.33	1.27
	机械费（元）			—	—	—	1.26
名称		**单位**	**单价(元)**	**消耗量**			
人工	综合工日	工日	140.00	0.400	0.600	0.900	0.400
材料	镀锌六角螺栓带帽 M6×25	10套	2.60	—	—	—	0.410
	工业酒精 99.5%	kg	1.36	0.020	0.020	0.020	0.020
	棉纱头	kg	6.00	0.020	0.020	0.020	—
	脱脂棉	kg	17.86	0.010	0.010	0.010	0.010
机械	对讲机(一对)	台班	4.19	—	—	—	0.300

工作内容：技术准备开箱检查、定位安装、互联、设备清理和清洗、接通电源、单机自检、接口检查和调试、联机调试。

计量单位：台

定额编号				A5-6-154	A5-6-155	A5-6-156
项目名称				触摸屏显示器	监控、调度模拟盘	彩色显示屏
基价（元）				153.80	370.09	154.85
其中	人工费（元）			140.00	350.00	140.00
	材料费（元）			4.42	4.42	4.42
	机械费（元）			9.38	15.67	10.43
名称		单位	单价(元)	消耗量		
人工	综合工日	工日	140.00	1.000	2.500	1.000
材料	其他材料费	元	1.00	4.420	4.420	4.420
机械	笔记本电脑	台班	9.38	1.000	1.000	1.000
	对讲机(一对)	台班	4.19	—	1.500	0.250

9. 光缆传输设备

工作内容：开箱检验、安装、接线、调试。　　　　计量单位：台

定额编号				A5-6-157	A5-6-158
项目名称				光端视频发射机、接收机安装	
				≤4信道	≤8信道
基价（元）				174.44	258.44
其中	人工费（元）			168.00	252.00
	材料费（元）			0.39	0.39
	机械费（元）			6.05	6.05
名称		单位	单价（元）	消耗量	
人工	综合工日	工日	140.00	1.200	1.800
材料	工业酒精 99.5%	kg	1.36	0.020	0.020
	棉纱头	kg	6.00	0.030	0.030
	脱脂棉	kg	17.86	0.010	0.010
机械	光可变衰减器 1310/1550nm	台班	47.34	0.100	0.100
	通信性能分析仪 2Mb/s～2.5Gb/s	台班	5.25	0.250	0.250

10. 系统调试

工作内容：系统调试、测试技术指标、报警联动试验、填写测试报告。　　计量单位：台

定额编号				A5-6-159
项目名称				摄像机
基价（元）				30.50
其中	人工费（元）			28.00
	材料费（元）			—
	机械费（元）			2.50
	名称	单位	单价(元)	消耗量
人工	综合工日	工日	140.00	0.200
机械	电视信号发生器	台班	8.29	0.200
	对讲机(一对)	台班	4.19	0.200

五、安全检查设备安装、调试

1. 安全检查设备安装

工作内容：开箱检查、安装固定、软硬件调试。　　计量单位：台

定额编号				A5-6-160	A5-6-161	A5-6-162
项目名称				X射线安全检查设备		金属武器
				单通道	双通道	探测门
基价（元）				1231.20	1610.38	614.03
其中	人工费（元）			700.00	980.00	350.00
	材料费（元）			6.46	6.46	6.46
	机械费（元）			524.74	623.92	257.57
名称		单位	单价(元)	消耗量		
人工	综合工日	工日	140.00	5.000	7.000	2.500
材料	其他材料费	元	1.00	6.460	6.460	6.460
机械	叉式起重机 3t	台班	495.91	1.000	1.200	0.500
	示波器	台班	9.61	3.000	3.000	1.000

工作内容：开箱检查、安装固定、软硬件调试。　　　　计量单位：台

定额编号				A5-6-163	A5-6-164	A5-6-165
项目名称				X射线探测设备		
				便携式	台式	通过式
基价（元）				287.48	612.06	4821.67
其中	人工费（元）			210.00	420.00	3920.00
	材料费（元）			20.00	25.00	55.00
	机械费（元）			57.48	167.06	846.67
名称		单位	单价（元）	消耗量		
人工	综合工日	工日	140.00	1.500	3.000	28.000
材料	其他材料费	元	1.00	20.000	25.000	55.000
机械	笔记本电脑	台班	9.38	1.000	—	4.000
	叉式起重机 3t	台班	495.91	—	0.200	1.200
	电瓶车 2.5t	台班	244.41	—	0.200	—
	对讲机(一对)	台班	4.19	0.500	—	—
	环境剂量仪	台班	80.00	0.400	0.100	0.200
	其他机具费	元	1.00	10.000	10.000	40.000
	示波器	台班	9.61	—	—	5.600
	手持式剂量仪	台班	10.00	0.400	0.100	0.200
	载重汽车 4t	台班	408.97	—	—	0.250

工作内容：开箱检查、安装固定、软硬件调试。　　　　计量单位：台

定额编号				A5-6-166	A5-6-167
项目名称				X射线探测设备	
				车载式	集装箱式
基价（元）				1585.58	8120.35
其中	人工费（元）			1400.00	4200.00
	材料费（元）			55.00	96.00
	机械费（元）			130.58	3824.35
名称		单位	单价（元）	消耗量	
人工	综合工日	工日	140.00	10.000	30.000
材料	其他材料费	元	1.00	55.000	96.000
机械	笔记本电脑	台班	9.38	2.000	15.000
	叉式起重机 3t	台班	495.91	—	2.400
	对讲机(一对)	台班	4.19	—	10.000
	环境剂量仪	台班	80.00	0.200	1.400
	其他机具费	元	1.00	40.000	65.000
	汽车式起重机 12t	台班	857.15	—	1.500
	示波器	台班	9.61	5.600	15.000
	手持式剂量仪	台班	10.00	0.200	1.400
	网络测试仪	台班	105.43	—	4.000
	载重汽车 4t	台班	408.97	—	1.000

2. 安全检查设备系统调试

工作内容：开箱检查、安装固定、软硬件调试。

计量单位：台

定额编号				A5-6-168	A5-6-169	A5-6-170	A5-6-171
项目名称				X射线安检设备数据光缆系统			
				通道数			
				≤10	11～20	21～30	31～40
基价（元）				7068.30	11536.51	16006.42	20474.64
其中	人工费（元）			6720.00	11060.00	15400.00	19740.00
	材料费（元）			24.20	44.40	66.30	86.50
	机械费（元）			324.10	432.11	540.12	648.14
名称		单位	单价（元）	消耗量			
人工	综合工日	工日	140.00	48.000	79.000	110.000	141.000
材料	冷压接线端头 RJ45	个	—	(40.000)	(80.000)	(120.000)	(160.000)
	电缆卡子(综合)	个	0.27	10.000	20.000	30.000	40.000
	防水胶带	m	3.50	5.000	10.000	15.000	20.000
	尼龙线卡	个	0.14	20.000	20.000	30.000	30.000
	塑料胀塞 φ6～9	套	0.06	20.000	20.000	25.000	25.000
机械	笔记本电脑	台班	9.38	2.000	4.000	6.000	8.000
	电瓶车 2.5t	台班	244.41	0.250	0.350	0.450	0.550
	对讲机(一对)	台班	4.19	2.000	2.500	3.000	3.500
	其他机具费	元	1.00	25.000	35.000	45.000	55.000
	网络测试仪	台班	105.43	2.000	2.500	3.000	3.500

六、楼宇对讲设备安装、调试

1. 楼宇对讲设备安装

工作内容：开箱检验、划线定位、安装、接线、调试。　　　　计量单位：台

定额编号				A5-6-172	A5-6-173	A5-6-174	A5-6-175
项目名称				室内话机		单元门口机	
				可视对讲式	对讲式	可视对讲式	对讲式
基价（元）				28.32	21.32	154.32	140.32
其中	人工费（元）			28.00	21.00	154.00	140.00
	材料费（元）			0.32	0.32	0.32	0.32
	机械费（元）			—	—	—	—
名称		单位	单价(元)	消耗量			
人工	综合工日	工日	140.00	0.200	0.150	1.100	1.000
材料	镀锌螺栓 M4×25	套	0.12	2.040	2.040	2.040	2.040
	工业酒精 99.5%	kg	1.36	0.010	0.010	0.010	0.010
	棉纱头	kg	6.00	0.010	0.010	0.010	0.010

工作内容：开箱检验、划线定位、安装、接线、调试。　　　　计量单位：套

定额编号				A5-6-176	A5-6-177
项目名称				管理机	
				可视对讲式	对讲式
基价（元）				140.54	112.54
其中	人工费（元）			140.00	112.00
	材料费（元）			0.54	0.54
	机械费（元）			—	—
名称		单位	单价(元)	消耗量	
人工	综合工日	工日	140.00	1.000	0.800
材料	镀锌螺栓 M4×25	套	0.12	2.040	2.040
	棉纱头	kg	6.00	0.050	0.050

工作内容：开箱检验、划线定位、安装、接线、调试。　　　　计量单位：台

定额编号				A5-6-178	A5-6-179
项目名称				围墙机	
				可视对讲式	对讲式
基价（元）				162.96	147.56
其中	人工费（元）			162.40	147.00
	材料费（元）			0.56	0.56
	机械费（元）			—	—
名称		单位	单价(元)	消耗量	
人工	综合工日	工日	140.00	1.160	1.050
材料	镀锌螺栓 M4×25	套	0.12	2.040	2.040
	工业酒精 99.5%	kg	1.36	0.010	0.010
	棉纱头	kg	6.00	0.050	0.050

工作内容：开箱检验、划线定位、安装、接线、调试。　　　　计量单位：台

定额编号				A5-6-180	A5-6-181
项目名称				楼层解码器、分配器、隔离器	区域控制器、路由控制器
基价（元）				21.13	126.31
其中	人工费（元）			21.00	126.00
	材料费（元）			0.13	0.31
	机械费（元）			—	—
名称		单位	单价(元)	消耗量	
人工	综合工日	工日	140.00	0.150	0.900
材料	工业酒精 99.5%	kg	1.36	0.010	0.010
	棉纱头	kg	6.00	0.020	0.050

2. 楼宇对讲系统调试

工作内容：系统调试、打印记录报警事项、填写调试报告。　　　　计量单位：系统

定额编号				A5-6-182
项目名称				楼宇对讲系统调试
基价（元）				2801.54
其中	人工费（元）			2800.00
	材料费（元）			0.18
	机械费（元）			1.36
名称		单位	单价（元）	消耗量
人工	综合工日	工日	140.00	20.000
材料	打印纸 A4	包	17.50	0.010
机械	笔记本电脑	台班	9.38	0.100
	对讲机（一对）	台班	4.19	0.100

七、停车场管理设备安装、调试

工作内容：开箱检查、器材搬运、穿接线缆、安装调试。　　计量单位：台

定额编号				A5-6-183	A5-6-184	A5-6-185
项目名称				出、入口控制机	终端显示器	专用键盘
基价（元）				211.30	21.06	16.86
其中	人工费（元）			210.00	21.00	16.80
	材料费（元）			1.30	0.06	0.06
	机械费（元）			—	—	—
名称		单位	单价(元)	消耗量		
人工	综合工日	工日	140.00	1.500	0.150	0.120
材料	冲击钻头 Φ8	个	5.38	0.040	—	—
	棉纱头	kg	6.00	0.010	0.010	0.010
	膨胀螺栓 M8	套	0.25	4.080	—	—

工作内容：开箱检查、器材搬运、穿接线缆、安装调试。　　　　计量单位：台

定额编号				A5-6-186	A5-6-187	A5-6-188	A5-6-189
项目名称				收费员操作台	出、入口对讲分机	手动栏杆	车辆计数器
基价（元）				84.06	16.86	71.73	116.36
其中	人工费（元）			84.00	16.80	70.00	112.00
	材料费（元）			0.06	0.06	1.73	4.36
	机械费（元）			—	—	—	—
名称		单位	单价(元)	消耗量			
人工	综合工日	工日	140.00	0.600	0.120	0.500	0.800
材料	冲击钻头 φ12	个	6.75	—	—	0.060	0.160
	棉纱头	kg	6.00	0.010	0.010	0.050	0.050
	膨胀螺栓 M10	套	0.25	—	—	4.080	—
	膨胀螺栓 M12	套	0.73	—	—	—	4.080

工作内容：开箱检查、器材搬运、穿接线缆、安装调试。 计量单位：台

定额编号				A5-6-190	A5-6-191	A5-6-192
项目名称				直臂型闸杆	曲臂型闸杆	二/三连杆防护栅栏
基价（元）				123.00	189.44	205.82
其中	人工费（元）			70.00	112.00	140.00
	材料费（元）			4.12	4.12	4.72
	机械费（元）			48.88	73.32	61.10
名称		单位	单价(元)	消耗量		
人工	综合工日	工日	140.00	0.500	0.800	1.000
材料	冲击钻头 Φ12	个	6.75	0.080	0.080	0.080
	棉纱头	kg	6.00	0.100	0.100	0.200
	膨胀螺栓 M12	套	0.73	4.080	4.080	4.080
机械	电瓶车 2.5t	台班	244.41	0.200	0.300	0.250

工作内容：开箱检查、器材搬运、穿接线缆、安装调试。　　　　计量单位：根

定额编号				A5-6-193
项目名称				闸杆支架
基价（元）				41.82
其中	人工费（元）			14.00
	材料费（元）			3.38
	机械费（元）			24.44
名称		单位	单价(元)	消耗量
人工	综合工日	工日	140.00	0.100
材料	冲击钻头 φ12	个	6.75	0.060
	膨胀螺栓 M12	套	0.73	4.080
机械	电瓶车 2.5t	台班	244.41	0.100

工作内容：开箱检查、器材搬运、穿接线缆、安装调试。 计量单位：套

定额编号				A5-6-194
项目名称				防砸系统
基价（元）				34.31
其中	人工费（元）			28.00
	材料费（元）			6.31
	机械费（元）			—
名称		单位	单价(元)	消耗量
人工	综合工日	工日	140.00	0.200
材料	冲击钻头 φ12	个	6.75	0.060
	棉纱头	kg	6.00	0.020
	木螺钉 M4×40以下	10个	0.20	0.410
	尼龙胀管 φ6～8	个	0.17	4.120
	其他材料费	元	1.00	5.000

工作内容：开箱检查、器材搬运、穿接线缆、安装调试。　　计量单位：台

定额编号				A5-6-195	A5-6-196	A5-6-197
项目名称				磁卡通行券	IC卡通行券	非接触式IC卡
				发卡机/读卡机		
基价（元）				**42.30**	**28.30**	**28.30**
其中	人工费（元）			42.00	28.00	28.00
	材料费（元）			0.30	0.30	0.30
	机械费（元）			—	—	—
名称		**单位**	**单价(元)**	**消耗量**		
人工	综合工日	工日	140.00	0.300	0.200	0.200
材料	棉纱头	kg	6.00	0.050	0.050	0.050

工作内容：开箱检查、器材搬运、穿接线缆、安装调试。　　　　计量单位：台

定额编号				A5-6-198	A5-6-199	A5-6-200
项目名称				通行券自动发券机	临时卡计费器、自动收款机	停车计费显示器
基价（元）				166.95	42.06	15.54
其中	人工费（元）			35.00	42.00	14.00
	材料费（元）			9.74	0.06	1.54
	机械费（元）			122.21	—	—
名称		单位	单价(元)	消耗量		
人工	综合工日	工日	140.00	0.250	0.300	0.100
材料	冲击钻头 Φ16	个	9.40	0.060	—	—
	冲击钻头 Φ8	个	5.38	—	—	0.040
	棉纱头	kg	6.00	0.050	0.010	0.050
	膨胀螺栓 M16	套	1.45	6.120	—	—
	膨胀螺栓 M8	套	0.25	—	—	4.080
机械	电瓶车 2.5t	台班	244.41	0.500	—	—

工作内容：开箱检查、器材搬运、穿接线缆、安装调试。　　计量单位：台

定额编号				A5-6-201	A5-6-202
项目名称				费用显示及语音报价器	紧急报警器
基价（元）				**22.21**	**15.23**
其中	人工费（元）			21.00	14.00
	材料费（元）			1.21	1.23
	机械费（元）			—	—
名称		**单位**	**单价（元）**	**消耗量**	
人工	综合工日	工日	140.00	0.150	0.100
材料	冲击钻头 φ8	个	5.38	0.040	0.080
	棉纱头	kg	6.00	0.050	0.050
	膨胀螺栓 M6	套	0.17	4.080	—
	膨胀螺栓 M8	套	0.25	—	2.000

工作内容：开箱检查、器材搬运、穿接线缆、安装调试。　　　　计量单位：台

定额编号				A5-6-203
项目名称				道闸机
基价（元）				113.24
其中	人工费（元）			112.00
	材料费（元）			1.24
	机械费（元）			—
名称		单位	单价(元)	消耗量
人工	综合工日	工日	140.00	0.800
材料	冲击钻头 Φ8	个	5.38	0.040
	膨胀螺栓 M8	套	0.25	4.080

工作内容：开箱检查、器材搬运、穿接线缆、安装调试。 计量单位：套

定额编号				A5-6-204
项目名称				简易岗亭
基价（元）				141.24
其中	人工费（元）			140.00
	材料费（元）			1.24
	机械费（元）			—
	名称	单位	单价（元）	消耗量
人工	综合工日	工日	140.00	1.000
材料	冲击钻头 φ8	个	5.38	0.040
	膨胀螺栓 M8	套	0.25	4.080

工作内容：系统互联、调试。

计量单位：套

定额编号				A5-6-205	A5-6-206
项目名称				非联网型	联网型
				停车场	
基价（元）				290.05	588.04
其中	人工费（元）			280.00	560.00
	材料费（元）			—	—
	机械费（元）			10.05	28.04
名称		单位	单价(元)	消耗量	
人工	综合工日	工日	140.00	2.000	4.000
机械	笔记本电脑	台班	9.38	1.000	—
	对讲机(一对)	台班	4.19	—	1.500
	接地电阻测试仪	台班	3.35	0.200	0.200
	网络测试仪	台班	105.43	—	0.200

工作内容：收费系统联调(工作准备、接口调试、系统调试、指标测试)。　　计量单位：系统

定额编号				A5-6-207	A5-6-208	A5-6-209	A5-6-210
项目名称				收费站			
				5个车道	10个车道	15个车道	每增加1个车道
				以内			
基价（元）				2861.19	4996.63	7138.57	436.74
其中	人工费（元）			2800.00	4900.00	7000.00	420.00
	材料费（元）			47.00	68.25	96.00	13.90
	机械费（元）			14.19	28.38	42.57	2.84
名称		单位	单价(元)	消耗量			
人工	综合工日	工日	140.00	20.000	35.000	50.000	3.000
材料	打印纸 A4	包	17.50	2.000	3.000	4.000	0.500
	其他材料费	元	1.00	12.000	15.750	26.000	5.150
机械	对讲机(一对)	台班	4.19	1.000	2.000	3.000	0.200
	其他机具费	元	1.00	10.000	20.000	30.000	2.000

工作内容：收费系统联调(工作准备、接口调试、系统调试、指标测试)。　　计量单位：系统

定额编号				A5-6-211	A5-6-212	A5-6-213
项目名称				收费(分)中心		
				5个站以内	10个站以内	每增加1个站
基价(元)				5416.20	7931.95	730.79
其中	人工费(元)			3500.00	4200.00	350.00
	材料费(元)			132.75	186.00	23.10
	机械费(元)			1783.45	3545.95	357.69
名称		单位	单价(元)	消耗量		
人工	综合工日	工日	140.00	25.000	30.000	2.500
材料	打印纸 A4	包	17.50	6.000	8.000	1.000
	其他材料费	元	1.00	27.750	46.000	5.600
机械	对讲机(一对)	台班	4.19	5.000	5.000	1.000
	其他机具费	元	1.00	20.000	40.000	5.000
	小型工程车	台班	174.25	10.000	20.000	2.000

工作内容：收费系统联调(工作准备、接口调试、系统调试、指标测试)。　　　　计量单位：系统

定额编号				A5-6-214	A5-6-215	A5-6-216
项目名称				监控(分)中心		
				5个站以内	10个站以内	每增加1个站
基价（元）				5435.45	9357.90	912.48
其中	人工费（元）			3500.00	5600.00	350.00
	材料费（元）			152.00	191.00	26.35
	机械费（元）			1783.45	3566.90	536.13
名称		单位	单价(元)	消耗量		
人工	综合工日	工日	140.00	25.000	40.000	2.500
材料	打印纸 A4	包	17.50	6.000	8.000	1.000
	其他材料费	元	1.00	47.000	51.000	8.850
机械	对讲机(一对)	台班	4.19	5.000	10.000	2.000
	其他机具费	元	1.00	20.000	40.000	5.000
	小型工程车	台班	174.25	10.000	20.000	3.000

工作内容：收费系统联调(工作准备、接口调试、系统调试、指标测试)。 计量单位：系统

定额编号				A5-6-217	A5-6-218	A5-6-219
项目名称				收费系统与监控系统互联	联网收费结算中心	停车场管理系统
基价（元）				3598.45	17113.35	10500.95
其中	人工费（元）			3360.00	16800.00	1680.00
	材料费（元）			207.50	230.50	8795.00
	机械费（元）			30.95	82.85	25.95
名称		单位	单价(元)	消耗量		
人工	综合工日	工日	140.00	24.000	120.000	12.000
材料	打印纸 A4	包	17.50	10.000	10.000	502.000
	其他材料费	元	1.00	32.500	55.500	10.000
机械	对讲机(一对)	台班	4.19	5.000	15.000	5.000
	其他机具费	元	1.00	10.000	20.000	5.000

八、系统试运行

工作内容：工作准备、系统运行、指标测试、故障修复、填写试运行报告、系统验交。 计量单位：系统

定额编号				A5-6-220	A5-6-221	A5-6-222	A5-6-223
项目名称				系统试运行			
				5个站	10个站	15个站	每增加1个站
				以内			
基价（元）				9364.00	14029.76	18748.00	1596.65
其中	人工费（元）			8400.00	12600.00	16800.00	1400.00
	材料费（元）			72.75	82.88	145.50	17.40
	机械费（元）			891.25	1346.88	1802.50	179.25
名称		单位	单价（元）	消耗量			
人工	综合工日	工日	140.00	60.000	90.000	120.000	10.000
材料	打印纸 A4	包	17.50	3.000	3.000	6.000	0.500
	其他材料费	元	1.00	20.250	30.380	40.500	8.650
机械	其他机具费	元	1.00	20.000	40.000	60.000	5.000
	小型工程车	台班	174.25	5.000	7.500	10.000	1.000

工作内容：按工程规范要求测试各项技术指标的稳定性、可靠性，填写试运行报告。　计量单位：系统

定额编号				A5-6-224	A5-6-225	A5-6-226
项目名称				试运行		
				入侵报警系统	出入口控制系统	电视监控系统
基价（元）				2321.25	2232.45	4381.54
其中	人工费（元）			2100.00	2100.00	4200.00
	材料费（元）			1.75	1.75	1.75
	机械费（元）			219.50	130.70	179.79
名称		单位	单价(元)	消耗量		
人工	综合工日	工日	140.00	15.000	15.000	30.000
材料	打印纸 A4	包	17.50	0.100	0.100	0.100
机械	笔记本电脑	台班	9.38	10.000	5.000	8.000
	对讲机(一对)	台班	4.19	30.000	20.000	25.000

工作内容：按工程规范要求测试各项技术指标的稳定性、可靠性，填写试运行报告。　　计量单位：系统

定额编号				A5-6-227	A5-6-228
项目名称				试运行	
				楼宇对讲系统	电子巡查系统
基价（元）				4400.30	810.63
其中	人工费（元）			4200.00	700.00
	材料费（元）			1.75	0.88
	机械费（元）			198.55	109.75
名称		单位	单价(元)	消耗量	
人工	综合工日	工日	140.00	30.000	5.000
材料	打印纸 A4	包	17.50	0.100	0.050
机械	笔记本电脑	台班	9.38	10.000	5.000
	对讲机(一对)	台班	4.19	25.000	15.000

第七章 信息化应用系统工程

说　明

一、本章包括自动售检票系统、智能识别应用系统、信息安全管理系统、排队叫号（呼叫）系统、信息引导及发布系统、时钟系统、信号屏蔽系统、智能交通系统、环境检测设备，适用于信息综合管理系统中设备安装、调试、试运行。

二、本章设备按成套购置考虑，设备机内（或机间）的连接线缆已含在成套设备安装中，但设备到端子架（箱）的连接线缆的敷设，另行计列。

三、有关本系统中计算机设备、管理中心处理设备等安装、调试参照其他章节的相应定额。

四、自动检票系统及分系统联调中，是以独立的一个站或中心为基础。

五、中心母钟安装调试包括：机柜、调制解调器、自动校时钟、多功能时码转换器、卫星校频校时钟、高稳定时钟（2 台）、时码切换器、时码发生器、时码中继器、中心检测接口、时码定时通信器、计算机接口装置、直流电源的安装调试，随机、进出线缆的连接。

六、二级母钟安装调试包括：机柜、高稳定时钟、车站检测接口、时码分配中继器的安装调试，随机、进出线缆的连接。

七、子钟安装，站厅、站台的数显式子钟是以 8″～12″（或指针式子钟 600mm）双面悬挂式，站台数显式发车子钟以 5″单面墙挂式；室内数显式子钟以 3″（或指针式子钟 300mm）单面墙挂式综合编制。

八、二级时钟系统调试按每台二级母钟带 35 块子钟计列。

九、中心时钟系统调试按 1 台中心母钟、10 台二级母钟为一个系统综合计列。

十、本章不包括各类线缆、光缆的敷设、测试，不包括设备的跳线的制作、安装。若发生，套用其他章节的相应定额。

十一、本章不包括配管、桥架、线槽、软管、信息插座和底盒、机柜、配线箱等安装。若发生，套用其他章节的相应定额。

十二、本章不包括设备安装中所需的设备支架、支座、构件、基础和手井（孔）等。若发生，套用其他章节的相应定额。

十三、本章不包括电源、防雷接地等。若发生，套用其他章节的相应定额。

工程量计算规则

一、自动售、检票设备安装，以“站”、“台”计算；联网调试，以“系统”计算。

二、车票清点包装、清洁消毒设备安装与调试，以“个”计算。

三、智能识别系统设备安装，以“台”计算；调试，以“系统”计算。

四、入侵检测、防毒软件、管控系统安装、调试，以“套”计算。

五、排队叫号（呼叫）系统设备安装，以“台”计算；调试，以“系统”计算。

六、诱导信息牌、走马灯安装以“10套”计算；LED电子屏以“m^2”计算。

七、中心母钟、二级母钟安装、调试，以“套”计算；数显式室内子钟、指针式子钟以“台”计算。

八、信号屏蔽系统控制主机、专用天线、智能报警系统安装，以“套”计算。

九、智能交通设备安装，以“台（套）”计算。

十、环境检测设备安装，以“台（套）”计算。

十一、各系统互联与调试，以“系统”计算。

一、自动售检票设备安装、调试

工作内容：开箱检验、清洁搬运、定位、安装设备及测试、试验开通、记录。　　计量单位：站

定额编号				A5-7-1	A5-7-2
项目名称				结算与清分系统设备	车票分类、编码机
基价（元）				2992.73	1732.73
其中	人工费（元）			2940.00	1680.00
	材料费（元）			25.32	25.32
	机械费（元）			27.41	27.41
名称		单位	单价（元）	消耗量	
人工	综合工日	工日	140.00	21.000	12.000
材料	工业酒精 99.5%	kg	1.36	0.200	0.200
	尼龙扎带(综合)	根	0.07	150.000	150.000
	塑料软管 φ10	m	0.85	15.000	15.000
	其他材料费	元	1.00	1.800	1.800
机械	绝缘电阻测试仪	台班	8.56	1.000	1.000
	线缆测试仪	台班	37.69	0.500	0.500

工作内容：定位、打眼、安装、间距调试、水平调试、线缆引入、配线、设备调试。　　计量单位：台

定额编号				A5-7-3	A5-7-4	A5-7-5
项目名称				半自动售票机	自动售票机	自动充值、验票机
基价（元）				1413.66	1273.66	923.66
其中	人工费（元）			1400.00	1260.00	910.00
	材料费（元）			7.67	7.67	7.67
	机械费（元）			5.99	5.99	5.99
名称		单位	单价(元)	消耗量		
人工	综合工日	工日	140.00	10.000	9.000	6.500
材料	接插件	片	0.26	10.000	10.000	10.000
	尼龙扎带(综合)	根	0.07	20.000	20.000	20.000
	膨胀螺栓 M12	套	0.73	4.000	4.000	4.000
	其他材料费	元	1.00	0.750	0.750	0.750
机械	绝缘电阻测试仪	台班	8.56	0.700	0.700	0.700

工作内容：定位、打眼、安装、间距调试、水平调试、线缆引入、配线、设备调试。 计量单位：台

定额编号				A5-7-6	A5-7-7
项目名称				进出站	双向
				检票闸机	
基价（元）				573.72	713.72
其中	人工费（元）			560.00	700.00
	材料费（元）			7.73	7.73
	机械费（元）			5.99	5.99
名称		单位	单价(元)	消耗量	
人工	综合工日	工日	140.00	4.000	5.000
材料	接插件	片	0.26	10.000	10.000
	尼龙扎带(综合)	根	0.07	20.000	20.000
	膨胀螺栓 M12	套	0.73	4.080	4.080
	其他材料费	元	1.00	0.750	0.750
机械	绝缘电阻测试仪	台班	8.56	0.700	0.700

工作内容：定位、打眼、安装、间距调试、水平调试、线缆引入、配线、设备调试。　　计量单位：台

定额编号				A5-7-8
项目名称				自动查询机
基价（元）				146.82
其中	人工费（元）			140.00
	材料费（元）			6.82
	机械费（元）			—
名称		单位	单价(元)	消耗量
人工	综合工日	工日	140.00	1.000
材料	膨胀螺栓 M16	套	1.45	4.080
	其他材料费	元	1.00	0.900

工作内容：开箱检查、搬运、定位、保护、加电调试。

计量单位：个

定额编号				A5-7-9	A5-7-10
项目名称				车票清点包装设备	车票清洁消毒设备
基价（元）				283.74	283.74
其中	人工费（元）			280.00	280.00
	材料费（元）			3.74	3.74
	机械费（元）			—	—
名称		单位	单价(元)	消耗量	
人工	综合工日	工日	140.00	2.000	2.000
材料	膨胀螺栓 M12	套	0.73	4.100	4.100
	其他材料费	元	1.00	0.750	0.750

工作内容：开箱检验、清洁搬运、定位、安装设备及测试、试验开通、记录。　　计量单位：系统

定额编号				A5-7-11
项目名称				自动售检票系统设备联网调试
基价（元）				3111.73
其中	人工费（元）			2800.00
	材料费（元）			—
	机械费（元）			311.73
名称		单位	单价（元）	消耗量
人工	综合工日	工日	140.00	20.000
机械	微机故障诊断仪	台班	17.72	2.000
	微机硬盘测试仪	台班	119.30	2.000
	线缆测试仪	台班	37.69	1.000

二、智能识别应用系统

1. 前端信息采集设备安装、调试

工作内容：开箱检查、器材搬运、接电源、电源接地、其他辅助设备的连接、设备安装。

计量单位：台

定额编号				A5-7-12	A5-7-13	A5-7-14
项目名称				键盘	读卡器	人体特征识别装置
基价（元）				28.70	70.70	141.29
其中	人工费（元）			28.00	70.00	140.00
	材料费（元）			0.70	0.70	1.29
	机械费（元）			—	—	—
名称		单位	单价(元)	消耗量		
人工	综合工日	工日	140.00	0.200	0.500	1.000
材料	冲击钻头 ϕ12	个	6.75	—	—	0.040
	冲击钻头 ϕ8	个	5.38	0.040	0.040	—
	镀锌螺栓 M4×25	套	0.12	4.080	4.080	—
	膨胀螺栓 M10	套	0.25	—	—	4.080

工作内容：开箱检查、器材搬运、接电源、电源接地、其他辅助设备的连接、设备安装。

计量单位：台

定额编号				A5-7-15	A5-7-16	A5-7-17
项目名称				考勤一体机	充值机	消费机
基价（元）				70.49	112.49	140.49
其中	人工费（元）			70.00	112.00	140.00
	材料费（元）			0.49	0.49	0.49
	机械费（元）			—	—	—
名称		单位	单价(元)	消耗量		
人工	综合工日	工日	140.00	0.500	0.800	1.000
材料	镀锌螺栓 M4×25	套	0.12	4.080	4.080	4.080

2. 中心处理设备安装

工作内容：开箱检查、安装设备和软件、软件功能测试、调试，其他辅助设备的连接。

计量单位：台(套)

定额编号				A5-7-18	A5-7-19	A5-7-20
项目名称				服务器	读、写卡机	制卡打印机
基价（元）				252.36	70.36	35.71
其中	人工费（元）			252.00	70.00	35.00
	材料费（元）			0.36	0.36	0.71
	机械费（元）			—	—	—
名称		单位	单价(元)	消耗量		
人工	综合工日	工日	140.00	1.800	0.500	0.250
材料	打印纸 A4	包	17.50	—	—	0.020
	脱脂棉	kg	17.86	0.020	0.020	0.020

3. 智能识别系统调试

工作内容：分系统调试。　　　　　　　　　　　　　　　　　　　　　　　　　计量单位：系统

定额编号				A5-7-21	A5-7-22	A5-7-23	A5-7-24
项目名称				门禁系统		电梯系统	
				非联网型	联网型	非联网型	联网型
基价（元）				147.35	336.22	269.85	688.31
其中	人工费（元）			145.60	280.00	266.00	630.00
	材料费（元）			1.75	3.50	1.75	3.50
	机械费（元）			—	52.72	2.10	54.81
名称		单位	单价（元）	消耗量			
人工	综合工日	工日	140.00	1.040	2.000	1.900	4.500
材料	打印纸 A4	包	17.50	0.100	0.200	0.100	0.200
机械	对讲机(一对)	台班	4.19	—	—	0.500	0.500
	网络测试仪	台班	105.43	—	0.500	—	0.500

工作内容：分系统调试。

计量单位：系统

定额编号				A5-7-25	A5-7-26	A5-7-27	A5-7-28
项目名称				考勤系统		消费系统	
				非联网型	联网型	非联网型	联网型
基价（元）				113.75	338.31	267.75	674.31
其中	人工费（元）			112.00	280.00	266.00	616.00
	材料费（元）			1.75	3.50	1.75	3.50
	机械费（元）			—	54.81	—	54.81
名称		单位	单价（元）	消耗量			
人工	综合工日	工日	140.00	0.800	2.000	1.900	4.400
材料	打印纸 A4	包	17.50	0.100	0.200	0.100	0.200
机械	对讲机（一对）	台班	4.19	—	0.500	—	0.500
	网络测试仪	台班	105.43	—	0.500	—	0.500

工作内容：分系统调试。　　　　　　　　　　　　　　　　　　　　计量单位：系统

定额编号				A5-7-29	A5-7-30	A5-7-31	A5-7-32
项目名称				资产管理系统		制卡系统	
				非联网型	联网型	非联网型	联网型
基价（元）				136.15	495.60	127.75	511.69
其中	人工费（元）			134.40	490.00	126.00	504.00
	材料费（元）			1.75	3.50	1.75	3.50
	机械费（元）			—	2.10	—	4.19
名称		单位	单价(元)	消耗量			
人工	综合工日	工日	140.00	0.960	3.500	0.900	3.600
材料	打印纸 A4	包	17.50	0.100	0.200	0.100	0.200
机械	对讲机(一对)	台班	4.19	—	0.500	—	1.000

工作内容：分系统调试。　　　　计量单位：系统

定额编号				A5-7-33	A5-7-34
项目名称				人体特征识别系统	
				非联网型	联网型
基价（元）				281.75	726.59
其中	人工费（元）			280.00	716.80
	材料费（元）			1.75	3.50
	机械费（元）			—	6.29
名称		单位	单价(元)	消耗量	
人工	综合工日	工日	140.00	2.000	5.120
材料	打印纸 A4	包	17.50	0.100	0.200
机械	对讲机(一对)	台班	4.19	—	1.500

三、信息安全管理系统

工作内容：开箱检查、安装设备和软件、软件功能测试、调试，其他辅助设备的连接。　　计量单位：套

定额编号				A5-7-35	A5-7-36	A5-7-37
项目名称				入侵检测	防毒软件	
					单用户	10用户以下
基价（元）				**70.00**	**70.94**	**114.35**
其中	人工费（元）			70.00	70.00	112.00
	材料费（元）			—	—	—
	机械费（元）			—	0.94	2.35
名称		单位	单价(元)	消耗量		
人工	综合工日	工日	140.00	0.500	0.500	0.800
机械	笔记本电脑	台班	9.38	—	0.100	0.250

工作内容：开箱检查、安装设备和软件、软件功能测试、调试,其他辅助设备的连接。　计量单位：套

定额编号				A5-7-38	A5-7-39	A5-7-40
项目名称				防毒软件		
				25用户以下	50用户以下	每增加4用户
基价（元）				145.63	177.38	85.41
其中	人工费（元）			140.00	168.00	84.00
	材料费（元）			—	—	—
	机械费（元）			5.63	9.38	1.41
名称		单位	单价(元)	消耗量		
人工	综合工日	工日	140.00	1.000	1.200	0.600
机械	笔记本电脑	台班	9.38	0.600	1.000	0.150

工作内容：系统调测、开通调试。　　　　　　　　　　　　　　　　　　　　　　　　计量单位：套

定　额　编　号				A5-7-41
项　目　名　称				管控系统
基　　价（元）				285.63
其中	人　工　费（元）			280.00
	材　料　费（元）			—
	机　械　费（元）			5.63
名　　称		单位	单价(元)	消　　耗　　量
人工	综合工日	工日	140.00	2.000
机械	笔记本电脑	台班	9.38	0.600

工作内容：搬运、开箱检查、清点设备、定位、连接线缆、通电检查。　　计量单位：台

定额编号				A5-7-42	A5-7-43	A5-7-44
项目名称				网络编码器	媒体(素材)网关	数字视频广播IP(DVB-IP)网关
基价（元）				182.00	213.17	243.05
其中	人工费（元）			182.00	210.00	238.00
	材料费（元）			—	0.36	0.36
	机械费（元）			—	2.81	4.69
名称		单位	单价(元)	消耗量		
人工	综合工日	工日	140.00	1.300	1.500	1.700
材料	脱脂棉	kg	17.86	—	0.020	0.020
机械	笔记本电脑	台班	9.38	—	0.300	0.500

四、排队叫号(呼叫)系统设备安装、调试

1. 叫号(呼叫)器安装

工作内容：开箱检查、安装调试、调整。　　　　计量单位：只

定额编号				A5-7-45	A5-7-46
项目名称				有线叫号器	无线叫号器
基价（元）				84.04	112.04
其中	人工费（元）			84.00	112.00
	材料费（元）			0.04	0.04
	机械费（元）			—	—
名称		单位	单价(元)	消耗量	
人工	综合工日	工日	140.00	0.600	0.800
材料	自攻螺丝 M4×20	个	0.02	2.040	2.040

工作内容：开箱检查、器材搬运、接电源、电源接地、其他辅助设备的连接、设备安装。

计量单位：台

定额编号				A5-7-47
项目名称				控制盒
基价（元）				119.90
其中	人工费（元）			119.00
	材料费（元）			0.90
	机械费（元）			—
名称		单位	单价(元)	消耗量
人工	综合工日	工日	140.00	0.850
材料	冲击钻头 Φ8	个	5.38	0.040
	膨胀螺栓 M6	套	0.17	4.000

2. 呼叫主机安装

工作内容：开箱检查、安装设备、其他辅助设备的连接线，检测功能，联调。　　计量单位：台

定额编号				A5-7-48	A5-7-49	A5-7-50	A5-7-51
项目名称				呼叫主机			
				40门	60门	90门	120门
基价（元）				142.36	170.59	199.00	255.36
其中	人工费（元）			140.00	168.00	196.00	252.00
	材料费（元）			2.36	2.59	3.00	3.36
	机械费（元）			—	—	—	—
名称		单位	单价（元）	消耗量			
人工	综合工日	工日	140.00	1.000	1.200	1.400	1.800
材料	冲击钻头 Φ8	个	5.38	0.060	0.070	0.080	0.080
	膨胀螺栓 M6	套	0.17	4.000	4.000	4.000	4.000
	膨胀螺栓 M8	套	0.25	4.000	4.000	4.000	4.000
	脱脂棉	kg	17.86	0.020	0.030	0.050	0.070

3. 呼叫系统调试

工作内容：开箱检查、安装设备、其他辅助设备的连接线，检测功能，联调。　　计量单位：系统

定额编号				A5-7-52
项目名称				系统调试
基价（元）				1409.38
其中	人工费（元）			1400.00
	材料费（元）			—
	机械费（元）			9.38
名称		单位	单价（元）	消耗量
人工	综合工日	工日	140.00	10.000
机械	笔记本电脑	台班	9.38	1.000

五、信息引导及发布系统设备安装、调试

1. 显示终端安装

工作内容：开箱检验、器材搬运、清理基础、安装固定、穿接线缆。　　计量单位：套

定额编号				A5-7-53
项目名称				诱导信息牌
基价（元）				28.99
其中	人工费（元）			28.00
	材料费（元）			0.99
	机械费（元）			—
名称		单位	单价(元)	消耗量
人工	综合工日	工日	140.00	0.200
材料	冲击钻头 φ8	个	5.38	0.040
	木螺钉 M4×40以下	个	0.02	4.080
	尼龙胀管 φ6～8	个	0.17	4.080

工作内容：开箱检验、器材搬运、清理基础、安装固定、穿接线缆。　　计量单位：台

定额编号				A5-7-54
项目名称				落地式触摸屏
基价（元）				247.40
其中	人工费（元）			245.00
	材料费（元）			2.40
	机械费（元）			—
名称		单位	单价（元）	消耗量
人工	综合工日	工日	140.00	1.750
材料	镀锌六角螺栓带帽 M8×30	套	0.37	4.080
	脱脂棉	kg	17.86	0.050

2. LED显示终端安装

工作内容：开箱检验、器材搬运、清理基础、安装固定、穿接线缆。　　　　计量单位：10套

定额编号				A5-7-55	A5-7-56	A5-7-57
项目名称				走马灯安装		
				壁挂式安装	吊杆式安装	嵌入式安装
基价（元）				149.94	235.80	210.00
其中	人工费（元）			140.00	210.00	210.00
	材料费（元）			9.94	25.80	—
	机械费（元）			—	—	—
名称		单位	单价(元)	消耗量		
人工	综合工日	工日	140.00	1.000	1.500	1.500
材料	冲击钻头 Φ12	个	6.75	—	0.800	—
	冲击钻头 Φ8	个	5.38	0.400	—	—
	木螺钉 M4×40以下	10个	0.20	4.080	—	—
	尼龙胀管 Φ6～8	个	0.17	41.000	—	—
	膨胀螺栓 M10	套	0.25	—	81.600	—

工作内容：开箱检验、器材搬运、清理基础、安装固定、穿接线缆。　　　　计量单位：m²

定额编号				A5-7-58	A5-7-59	A5-7-60
项目名称				室外显示屏		
				壁挂式安装	基座式安装	支架式安装
基价（元）				287.43	385.35	366.96
其中	人工费（元）			70.00	168.00	112.00
	材料费（元）			2.32	2.24	1.67
	机械费（元）			215.11	215.11	253.29
名称		单位	单价(元)	消耗量		
人工	综合工日	工日	140.00	0.500	1.200	0.800
材料	冲击钻头 φ12	个	6.75	0.020	—	—
	地脚螺栓 M12×160	套	0.33	—	4.080	—
	镀锌六角螺栓带帽 M8×30	10套	3.70	0.210	—	0.210
	膨胀螺栓 M10	套	0.25	2.040	—	—
	脱脂棉	kg	17.86	0.050	0.050	0.050
机械	汽车式起重机 8t	台班	763.67	0.100	0.100	0.150
	载重汽车 2t	台班	346.86	0.400	0.400	0.400

工作内容：开箱检验、器材搬运、清理基础、安装固定、穿接线缆。　　计量单位：m^2

定额编号				A5-7-61	A5-7-62	A5-7-63	A5-7-64
项目名称				室内显示屏			
				壁挂式安装	吊杆式安装	支架式安装	基座式安装
基价（元）				58.32	100.18	85.67	95.11
其中	人工费（元）			56.00	98.00	84.00	91.00
	材料费（元）			2.32	2.18	1.67	4.11
	机械费（元）			—	—	—	—
名称		单位	单价(元)	消耗量			
人工	综合工日	工日	140.00	0.400	0.700	0.600	0.650
材料	冲击钻头 φ12	个	6.75	0.020	0.040	—	0.040
	镀锌六角螺栓带帽 M8×30	10套	3.70	0.210	—	0.210	—
	膨胀螺栓 M10	套	0.25	2.040	4.080	—	—
	膨胀螺栓 M12	套	0.73	—	—	—	4.040
	脱脂棉	kg	17.86	0.050	0.050	0.050	0.050

3. 数字媒体控制系统

工作内容：1. 调试软件、信息采集试验、打印记录、测试；2. 系统调测、开通调试。　　计量单位：台

定额编号				A5-7-65
项目名称				通讯控制器
基价（元）				70.00
其中	人工费（元）			70.00
	材料费（元）			—
	机械费（元）			—
名称		单位	单价(元)	消耗量
人工	综合工日	工日	140.00	0.500

工作内容：1.调试软件、信息采集试验、打印记录、测试；2.系统调测、开通调试。　　计量单位：套

定额编号				A5-7-66
项目名称				数媒显控系统
基价（元）				219.38
其中	人工费（元）			210.00
	材料费（元）			—
	机械费（元）			9.38
名称		单位	单价(元)	消耗量
人工	综合工日	工日	140.00	1.500
机械	笔记本电脑	台班	9.38	1.000

4. 系统调试

工作内容：调试软件、信息采集试验、打印记录、测试。　　　　计量单位：套

定额编号				A5-7-67
项目名称				走马灯
基价（元）				159.52
其中	人工费（元）			156.80
	材料费（元）			—
	机械费（元）			2.72
名称		单位	单价（元）	消耗量
人工	综合工日	工日	140.00	1.120
机械	对讲机（一对）	台班	4.19	0.650

工作内容：调试软件、信息采集试验、打印记录、测试。　　计量单位：台

定额编号				A5-7-68	A5-7-69
项目名称				液晶(等离子)	LED
				显示屏	
基价（元）				42.00	60.81
其中	人工费（元）			42.00	56.00
	材料费（元）			—	—
	机械费（元）			—	4.81
名称		单位	单价（元）	消耗量	
人工	综合工日	工日	140.00	0.300	0.400
机械	示波器	台班	9.61	—	0.500

六、时钟系统设备安装、调试

1. 时钟系统设备安装

工作内容：开箱检验，清洁搬运，安装设备，机件检查与测试。　　　　计量单位：套

定额编号				A5-7-70	A5-7-71
项目名称				中心母钟设备	二级母钟
基价（元）				**3362.66**	**1122.66**
其中	人工费（元）			3360.00	1120.00
	材料费（元）			2.66	2.66
	机械费（元）			—	—
名称		**单位**	**单价(元)**	**消耗量**	
人工	综合工日	工日	140.00	24.000	8.000
材料	六角螺栓带帽 M10×30～35	套	0.54	4.040	4.040
	其他材料费	元	1.00	0.480	0.480

工作内容：1.开箱检验,清洁搬运,安装设备,机件检查与测试；2.安装与调测数显式子钟等。

计量单位：套

定额编号				A5-7-72	A5-7-73
项目名称				数显式子钟	
				8″～12″	
				单面、悬挂式	双面、悬挂式
基价（元）				160.65	188.65
其中	人工费（元）			140.00	168.00
	材料费（元）			20.65	20.65
	机械费（元）			—	—
名称		单位	单价(元)	消耗量	
人工	综合工日	工日	140.00	1.000	1.200
材料	钩头螺栓带帽 M16×350	套	4.33	4.040	4.040
	六角螺栓带帽 M10×30～35	套	0.54	4.040	4.040
	其他材料费	元	1.00	0.980	0.980

工作内容：1. 开箱检验，清洁搬运，安装设备，机件检查与测试；2. 安装与调测数显式子钟等。

计量单位：套

定额编号				A5-7-74	A5-7-75
项目名称				数显式室内子钟	
				3″	5″
				单面、墙挂式	
基价（元）				79.93	51.93
其中	人工费（元）			70.00	42.00
	材料费（元）			9.93	9.93
	机械费（元）			—	—
名称		单位	单价(元)	消耗量	
人工	综合工日	工日	140.00	0.500	0.300
材料	六角螺栓带帽 M10×30～35	套	0.54	4.040	4.040
	膨胀螺栓 M12×105	套	1.80	4.040	4.040
	其他材料费	元	1.00	0.480	0.480

工作内容：1.开箱检验,清洁搬运,安装设备,机件检查与测试；2.安装与调测数显式子钟等。

计量单位：套

定额编号				A5-7-76	A5-7-77
项目名称				指针式子钟600mm	指针式子钟300mm
				双面、悬挂式	单面、壁挂式
基价（元）				177.93	149.93
其中	人工费（元）			168.00	140.00
	材料费（元）			9.93	9.93
	机械费（元）			—	—
名称		单位	单价(元)	消耗量	
人工	综合工日	工日	140.00	1.200	1.000
材料	六角螺栓带帽 M10×30～35	套	0.54	4.040	4.040
	膨胀螺栓 M12×105	套	1.80	4.040	4.040
	其他材料费	元	1.00	0.480	0.480

工作内容：安装时钟插销盒、时钟系统开通调试等。　　计量单位：个

定额编号				A5-7-78
项目名称				时钟插销盒
基价（元）				16.20
其中	人工费（元）			14.70
	材料费（元）			1.50
	机械费（元）			—
	名称	单位	单价（元）	消耗量
人工	综合工日	工日	140.00	0.105
材料	插销盒	个	—	(1.020)
	其他材料费	元	1.00	1.500

2. 时钟系统调试

工作内容：时钟系统开通调试等。　　　　计量单位：系统

定额编号				A5-7-79	A5-7-80
项目名称				二级	中心
				时钟系统调试	
基价（元）				1128.14	2238.41
其中	人工费（元）			1120.00	2100.00
	材料费（元）			—	—
	机械费（元）			8.14	138.41
名称		单位	单价(元)	消耗量	
人工	综合工日	工日	140.00	8.000	15.000
机械	笔记本电脑	台班	9.38	0.600	10.200
	对讲机(一对)	台班	4.19	0.600	10.200

七、信号屏蔽系统设备安装、调试

1. 设备安装

工作内容：开箱检查，清点资料，设备就位与安装，加电检查，调试设备，清理现场。　　计量单位：套

定额编号				A5-7-81	A5-7-82
项目名称				系统控制主机	系统专用天线
基价（元）				178.12	45.34
其中	人工费（元）			140.00	42.00
	材料费（元）			0.60	2.40
	机械费（元）			37.52	0.94
名称		单位	单价(元)	消耗量	
人工	综合工日	工日	140.00	1.000	0.300
材料	棉纱头	kg	6.00	0.100	0.400
机械	笔记本电脑	台班	9.38	4.000	0.100

工作内容：调试软件、信息采集试验、打印记录、测试。　　　　计量单位：系统

定额编号				A5-7-83
项目名称				系统调试
基价（元）				**219.38**
其中	人工费（元）			210.00
	材料费（元）			—
	机械费（元）			9.38
名称		**单位**	**单价（元）**	**消耗量**
人工	综合工日	工日	140.00	1.500
机械	笔记本电脑	台班	9.38	1.000

八、智能交通设备安装、调试

工作内容：1.开箱检查、定位、机械安装、线缆连接、电气调试、指标测试、清理现场；2.划线开槽、下线灌封。

计量单位：台(套)

定额编号				A5-7-84	A5-7-85	A5-7-86	A5-7-87
项目名称				环形线圈车辆检测器			
				单通道	双通道	四通道	八通道
基价（元）				407.79	590.80	1040.01	1935.60
其中	人工费（元）			210.00	280.00	420.00	700.00
	材料费（元）			26.72	53.45	106.89	213.79
	机械费（元）			171.07	257.35	513.12	1021.81
名称		单位	单价(元)	消耗量			
人工	综合工日	工日	140.00	1.500	2.000	3.000	5.000
材料	环氧树脂胶泥 1∶0.1∶0.08∶2	kg	10.53	2.000	4.000	8.000	16.000
	其他材料费	元	1.00	5.660	11.330	22.650	45.310
机械	电锤	台班	9.72	0.150	0.250	0.500	0.750
	路面切割机	台班	334.92	0.500	0.750	1.500	3.000
	其他机具费	元	1.00	1.000	2.000	3.000	4.000
	兆欧表	台班	5.76	0.200	0.300	0.500	1.000

工作内容：开箱检查、器材搬运、定位切槽、下线灌封、安装调试。　　计量单位：套

定额编号				A5-7-88	A5-7-89	A5-7-90
项目名称				电感线圈车辆	红外车辆	车位
				探测器		
基价（元）				346.50	41.06	39.84
其中	人工费（元）			210.00	21.00	18.20
	材料费（元）			101.08	20.06	6.88
	机械费（元）			35.42	—	14.76
名称		单位	单价(元)	消耗量		
人工	综合工日	工日	140.00	1.500	0.150	0.130
材料	冲击钻头 Φ12	个	6.75	—	2.000	—
	冲击钻头 Φ8	个	5.38	0.040	—	—
	环氧树脂	kg	32.08	3.000	—	0.040
	棉纱头	kg	6.00	0.100	0.100	0.100
	膨胀螺栓 M12	套	0.73	—	8.160	—
	膨胀螺栓 M8	套	0.25	4.080	—	—
	其他材料费	元	1.00	3.000	—	5.000
机械	混凝土切缝机 7.5kW	台班	29.52	1.200	—	0.500

工作内容：开箱检查、器材搬运、定位切槽、下线灌封、安装调试。 计量单位：套

定额编号				A5-7-91
项目名称				车辆分离器
基价（元）				59.69
其中	人工费（元）			56.00
	材料费（元）			3.69
	机械费（元）			—
名称		单位	单价(元)	消耗量
人工	综合工日	工日	140.00	0.400
材料	冲击钻头 φ8	个	5.38	0.100
	棉纱头	kg	6.00	0.100
	膨胀螺栓 M8	套	0.25	10.200

工作内容：1.开箱检查、定位、机械安装、线缆连接、电气调试、指标测试、清理现场；2.划线开槽、下线灌封。

计量单位：台(套)

定额编号				A5-7-92	A5-7-93
项目名称				超高检测器	视频车辆检测器
基价（元）				314.91	367.76
其中	人工费（元）			210.00	280.00
	材料费（元）			29.78	8.16
	机械费（元）			75.13	79.60
名称		单位	单价(元)	消耗量	
人工	综合工日	工日	140.00	1.500	2.000
材料	膨胀螺栓 M12	套	0.73	—	8.160
	膨胀螺栓 M16	套	1.45	16.320	—
	其他材料费	元	1.00	6.120	2.200
机械	彩色监视器 14″	台班	4.47	—	1.000
	电锤	台班	9.72	0.250	0.250
	平台作业升降车 9m	台班	282.78	0.250	0.250
	其他机具费	元	1.00	2.000	2.000

工作内容：开箱检查、定位、机械安装、线缆连接、电气调试、指标测试、清理现场。

计量单位：台(套)

定额编号				A5-7-94	A5-7-95
项目名称				车型识别装置	
				红外式	视频式
基价（元）				439.93	437.76
其中	人工费（元）			350.00	350.00
	材料费（元）			10.37	8.16
	机械费（元）			79.56	79.60
名称		单位	单价(元)	消耗量	
人工	综合工日	工日	140.00	2.500	2.500
材料	膨胀螺栓 M12	套	0.73	8.160	8.160
	其他材料费	元	1.00	4.410	2.200
机械	彩色监视器 14″	台班	4.47	—	1.000
	电锤	台班	9.72	0.500	0.250
	平台作业升降车 9m	台班	282.78	0.250	0.250
	其他机具费	元	1.00	4.000	2.000

工作内容：1.开箱检查、定位、机械安装、线缆连接、电气调试、指标测试、清理现场；2.划线开槽、下线灌封。

计量单位：台(套)

定额编号				A5-7-96	A5-7-97	A5-7-98	A5-7-99
项目名称				摄像机	微波检测器	动态称重仪	本地控制机
基价（元）				357.57	503.10	614.81	220.51
其中	人工费（元）			280.00	420.00	588.00	210.00
	材料费（元）			2.44	3.54	17.95	7.57
	机械费（元）			75.13	79.56	8.86	2.94
名称		单位	单价(元)	消耗量			
人工	综合工日	工日	140.00	2.000	3.000	4.200	1.500
材料	镀锌螺栓 M4×25	套	0.12	2.020	2.020	—	—
	膨胀螺栓 M16	套	1.45	—	—	8.160	4.080
	其他材料费	元	1.00	2.200	3.300	6.120	1.650
机械	电锤	台班	9.72	0.250	0.500	0.500	0.200
	平台作业升降车 9m	台班	282.78	0.250	0.250	—	—
	其他机具费	元	1.00	2.000	4.000	4.000	1.000

工作内容：开箱检查、定位、机械安装、线缆连接、电气调试、指标测试、清理现场。

计量单位：台(套)

定额编号				A5-7-100
项目名称				补光灯
基价（元）				284.90
其中	人工费（元）			210.00
	材料费（元）			2.20
	机械费（元）			72.70
名称		单位	单价(元)	消耗量
人工	综合工日	工日	140.00	1.500
材料	其他材料费	元	1.00	2.200
机械	平台作业升降车 9m	台班	282.78	0.250
	其他机具费	元	1.00	2.000

工作内容：开箱检查、定位、机械安装、线缆连接、电气调试、指标测试、清理现场。

计量单位：台(套)

定额编号				A5-7-101	A5-7-102
项目名称				一氧化碳检测器	烟雾透过率检测器
基价（元）				77.34	119.34
其中	人工费（元）			70.00	112.00
	材料费（元）			3.02	3.02
	机械费（元）			4.32	4.32
名称		单位	单价(元)	消耗量	
人工	综合工日	工日	140.00	0.500	0.800
材料	膨胀螺栓 M8	套	0.25	4.080	4.080
	其他材料费	元	1.00	2.000	2.000
机械	笔记本电脑	台班	9.38	0.250	0.250
	电锤	台班	9.72	0.100	0.100
	其他机具费	元	1.00	1.000	1.000

工作内容：开箱检查、定位、机械安装、线缆连接、电气调试、指标测试、清理现场。　　计量单位：套

定额编号				A5-7-103	A5-7-104
项目名称				LED可变道路情报板	
				门架式	悬臂式
基价（元）				5019.84	2752.28
其中	人工费（元）			2800.00	2100.00
	材料费（元）			24.80	24.80
	机械费（元）			2195.04	627.48
名称		单位	单价(元)	消耗量	
人工	综合工日	工日	140.00	20.000	15.000
材料	垫圈 M24	个	0.30	12.240	12.240
	六角螺母 M24	个	1.53	12.240	12.240
	其他材料费	元	1.00	2.400	2.400
机械	对讲机(一对)	台班	4.19	3.000	2.000
	接地电阻检测仪 0.01～19.99Ω	台班	36.42	0.500	0.500
	平板拖车组 20t	台班	1081.33	1.000	—
	其他机具费	元	1.00	52.620	14.570
	汽车式起重机 20t	台班	1030.31	1.000	—
	汽车式起重机 8t	台班	763.67	—	0.500
	载重汽车 4t	台班	408.97	—	0.500

工作内容：开箱检查、定位、机械安装、线缆连接、电气调试、指标测试、清理现场。　　计量单位：套

定额编号				A5-7-105	A5-7-106
项目名称				小型LED信息标志板	
				立柱式	移动式
基价（元）				1313.66	1183.32
其中	人工费（元）			840.00	560.00
	材料费（元）			6.28	2.00
	机械费（元）			467.38	621.32
名称		单位	单价(元)	消耗量	
人工	综合工日	工日	140.00	6.000	4.000
材料	垫圈 M16	个	0.11	12.240	—
	六角螺母 M16	个	0.24	12.240	—
	其他材料费	元	1.00	2.000	2.000
机械	对讲机(一对)	台班	4.19	1.000	1.000
	接地电阻检测仪 0.01～19.99Ω	台班	36.42	0.500	—
	其他机具费	元	1.00	11.390	17.240
	汽车式起重机 8t	台班	763.67	0.300	0.250
	载重汽车 4t	台班	408.97	0.500	1.000

工作内容：开箱检查、定位、机械安装、线缆连接、电气调试、指标测试、清理现场。　计量单位：套

定额编号					A5-7-107	A5-7-108
项目名称					可变限速标志	
					LED式	光纤式
基价（元）					851.17	1025.74
其中	人工费（元）				420.00	560.00
	材料费（元）				4.86	4.86
	机械费（元）				426.31	460.88
名称		单位	单价(元)		消耗量	
人工	综合工日	工日	140.00		3.000	4.000
材料	垫圈 M16	个	0.11		8.160	8.160
	六角螺母 M16	个	0.24		8.160	8.160
	其他材料费	元	1.00		2.000	2.000
机械	对讲机(一对)	台班	4.19		0.500	0.500
	光时域反射仪	台班	102.55		—	0.250
	光纤熔接机	台班	108.56		—	0.250
	接地电阻检测仪 0.01～19.99Ω	台班	36.42		0.500	—
	其他机具费	元	1.00		10.600	10.600
	汽车式起重机 8t	台班	763.67		0.250	0.250
	载重汽车 4t	台班	408.97		0.500	0.500

工作内容：开箱检查、定位、机械安装、线缆连接、电气调试、指标测试、清理现场。　　计量单位：套

定额编号				A5-7-109	A5-7-110	A5-7-111
项目名称				雨棚信号灯（单相）	车辆通行信号灯	雾灯
基价（元）				514.26	218.94	89.60
其中	人工费（元）			280.00	168.00	84.00
	材料费（元）			27.95	6.47	3.02
	机械费（元）			206.31	44.47	2.58
名称		单位	单价(元)	消耗量		
人工	综合工日	工日	140.00	2.000	1.200	0.600
材料	膨胀螺栓 M10	套	0.25	—	—	4.080
	膨胀螺栓 M12	套	0.73	—	6.120	—
	膨胀螺栓 M20	套	4.11	6.120	—	—
	其他材料费	元	1.00	2.800	2.000	2.000
机械	平台作业升降车 9m	台班	282.78	0.500	—	—
	其他机具费	元	1.00	3.000	3.000	2.000
	载重汽车 4t	台班	408.97	0.150	0.100	—
	兆欧表	台班	5.76	0.100	0.100	0.100

工作内容：开箱检查、定位、机械安装、线缆连接、电气调试、指标测试、清理现场。　计量单位：套

定额编号				A5-7-112	A5-7-113	A5-7-114
项目名称				隧道通行信号灯	信号灯控制机	机动车道信号灯
基价（元）				219.78	461.43	317.50
其中	人工费（元）			168.00	350.00	210.00
	材料费（元）			6.47	2.00	6.47
	机械费（元）			45.31	109.43	101.03
名称		单位	单价(元)	消耗量		
人工	综合工日	工日	140.00	1.200	2.500	1.500
材料	膨胀螺栓 M12	套	0.73	6.120	—	6.120
	其他材料费	元	1.00	2.000	2.000	2.000
机械	对讲机(一对)	台班	4.19	0.200	1.000	—
	平台作业升降车 9m	台班	282.78	—	—	0.200
	其他机具费	元	1.00	3.000	3.000	3.000
	载重汽车 4t	台班	408.97	0.100	0.250	0.100
	兆欧表	台班	5.76	0.100	—	0.100

工作内容：开箱检查、定位、机械安装、线缆连接、电气调试、指标测试、清理现场。　　计量单位：套

定额编号				A5-7-115	A5-7-116	A5-7-117
项目名称				人行道信号灯	信号灯倒计时器	警示灯
基价（元）				191.23	337.95	255.47
其中	人工费（元）			140.00	210.00	210.00
	材料费（元）			6.47	6.47	2.00
	机械费（元）			44.76	121.48	43.47
名称		单位	单价(元)	消耗量		
人工	综合工日	工日	140.00	1.000	1.500	1.500
材料	膨胀螺栓 M12	套	0.73	6.120	6.120	—
	其他材料费	元	1.00	2.000	2.000	2.000
机械	平台作业升降车 9m	台班	282.78	—	0.200	—
	其他机具费	元	1.00	3.000	3.000	2.000
	载重汽车 4t	台班	408.97	0.100	0.150	0.100
	兆欧表	台班	5.76	0.150	0.100	0.100

工作内容：开箱检查、器材搬运、清理基础、安装固定、穿接线缆、调试防护。　　　计量单位：套

定额编号				A5-7-118	A5-7-119
项目名称				太阳能应急灯	场内车位显示板
基价（元）				203.35	264.79
其中	人工费（元）			140.00	140.00
	材料费（元）			—	2.58
	机械费（元）			63.35	122.21
名称		单位	单价（元）	消耗量	
人工	综合工日	工日	140.00	1.000	1.000
材料	冲击钻头 φ10	个	5.98	—	0.080
	棉纱头	kg	6.00	—	0.010
	膨胀螺栓 M10	套	0.25	—	8.160
机械	电瓶车 2.5t	台班	244.41	—	0.500
	其他机具费	元	1.00	2.000	—
	载重汽车 4t	台班	408.97	0.150	—

工作内容：开箱检查、器材搬运、清理基础、安装固定、穿接线缆、调试防护。　　　　计量单位：套

定额编号				A5-7-120	A5-7-121
项目名称				通行诱导信息牌	场内通行信号灯
基价（元）				211.29	64.35
其中	人工费（元）			210.00	63.00
	材料费（元）			1.29	1.35
	机械费（元）			—	—
名称		单位	单价(元)	消耗量	
人工	综合工日	工日	140.00	1.500	0.450
材料	冲击钻头 Φ12	个	6.75	0.040	0.040
	棉纱头	kg	6.00	—	0.010
	膨胀螺栓 M10	套	0.25	4.080	4.080

工作内容：开箱检查、定位、机械安装、线缆连接、电气调试、指标测试、清理现场。　计量单位：套

定额编号				A5-7-122	A5-7-123
项目名称				模拟地图屏1m×1m	一对一单屏
基价（元）				331.78	289.10
其中	人工费（元）			210.00	168.00
	材料费（元）			2.00	2.00
	机械费（元）			119.78	119.10
名称		单位	单价(元)	消耗量	
人工	综合工日	工日	140.00	1.500	1.200
材料	其他材料费	元	1.00	2.000	2.000
机械	笔记本电脑	台班	9.38	0.300	0.250
	对讲机(一对)	台班	4.19	0.300	0.250
	平台作业升降车 9m	台班	282.78	0.100	0.100
	其他机具费	元	1.00	5.640	5.640
	载重汽车 4t	台班	408.97	0.200	0.200

工作内容：开箱检查、定位、安装、线缆连接、电气调试、指标测试、清理现场。　　计量单位：台

定额编号				A5-7-124	A5-7-125
项目名称				高清视频综合监测主机	信号控制机
基价（元）				321.43	328.02
其中	人工费（元）			210.00	280.00
	材料费（元）			2.00	6.12
	机械费（元）			109.43	41.90
名称		单位	单价（元）	消耗量	
人工	综合工日	工日	140.00	1.500	2.000
材料	膨胀螺栓 M12	套	0.73	—	6.120
	其他材料费	元	1.00	2.000	1.650
机械	对讲机（一对）	台班	4.19	1.000	—
	其他机具费	元	1.00	3.000	1.000
	载重汽车 4t	台班	408.97	0.250	0.100

工作内容：开箱检查、定位、安装、线缆连接、电气调试、指标测试、清理现场。　　计量单位：台

定额编号				A5-7-126	A5-7-127
项目名称				红绿灯信号检测器	道路机柜管理单元
基价（元）				31.47	78.45
其中	人工费（元）			30.80	70.00
	材料费（元）			0.67	3.64
	机械费（元）			—	4.81
名称		单位	单价（元）	消耗量	
人工	综合工日	工日	140.00	0.220	0.500
材料	工业酒精 99.5%	kg	1.36	0.010	—
	棉纱头	kg	6.00	0.050	0.050
	膨胀螺栓 M12	套	0.73	—	4.080
	脱脂棉	kg	17.86	0.020	0.020
机械	示波器	台班	9.61	—	0.500

工作内容：系统联调(工作准备、接口调试、系统调试、指标测试)。　　计量单位：系统

定额编号				A5-7-128	A5-7-129
项目名称				城市道路信号系统(互联)	
				一个交叉路口	每增加一个道口
基价（元）				543.58	148.79
其中	人工费（元）			392.00	70.00
	材料费（元）			3.00	3.00
	机械费（元）			148.58	75.79
名称		单位	单价(元)	消耗量	
人工	综合工日	工日	140.00	2.800	0.500
材料	其他材料费	元	1.00	3.000	3.000
机械	对讲机(一对)	台班	4.19	1.000	0.500
	平台作业升降车 9m	台班	282.78	0.500	0.250
	其他机具费	元	1.00	3.000	3.000

工作内容：系统联调(工作准备、接口调试、系统调试、指标测试)。　　计量单位：系统

定额编号				A5-7-130	A5-7-131
项目名称				电子警察系统调试	
				一个交叉路口	每增加一个道口
基价（元）				431.08	118.90
其中	人工费（元）			280.00	56.00
	材料费（元）			2.00	2.00
	机械费（元）			149.08	60.90
名称		单位	单价(元)	消耗量	
人工	综合工日	工日	140.00	2.000	0.400
材料	其他材料费	元	1.00	2.000	2.000
机械	笔记本电脑	台班	9.38	0.500	0.250
	平台作业升降车 9m	台班	282.78	0.500	0.200
	其他机具费	元	1.00	3.000	2.000

九、环境检测设备安装、调试

工作内容：开箱检查、定位、机械安装、线缆连接、电气调试、指标测试、清理现场。

计量单位：台(套)

定额编号				A5-7-132	A5-7-133	A5-7-134
项目名称				风向、风速	能见度	路面结冰
				检测器		
基价（元）				365.66	451.63	370.23
其中	人工费（元）			210.00	350.00	280.00
	材料费（元）			6.12	8.16	5.01
	机械费（元）			149.54	93.47	85.22
名称		单位	单价(元)	消耗量		
人工	综合工日	工日	140.00	1.500	2.500	2.000
材料	膨胀螺栓 M12	套	0.73	6.120	8.160	—
	膨胀螺栓 M8	套	0.25	—	—	12.240
	其他材料费	元	1.00	1.650	2.200	1.950
机械	笔记本电脑	台班	9.38	0.500	0.500	1.000
	电锤	台班	9.72	0.150	0.200	0.500
	路面切割机	台班	334.92	—	—	0.200
	平台作业升降车 9m	台班	282.78	0.500	0.300	—
	其他机具费	元	1.00	2.000	2.000	4.000

工作内容：开箱检查、定位、机械安装、线缆连接、电气调试、指标测试、清理现场。

计量单位：台(套)

定额编号				A5-7-135	A5-7-136
项目名称				一氧化碳检测器	烟雾透过率检测器
基价（元）				77.34	119.34
其中	人工费（元）			70.00	112.00
	材料费（元）			3.02	3.02
	机械费（元）			4.32	4.32
名称		单位	单价(元)	消耗量	
人工	综合工日	工日	140.00	0.500	0.800
材料	膨胀螺栓 M8	套	0.25	4.080	4.080
	其他材料费	元	1.00	2.000	2.000
机械	笔记本电脑	台班	9.38	0.250	0.250
	电锤	台班	9.72	0.100	0.100
	其他机具费	元	1.00	1.000	1.000

第八章 电源与电子防雷接地装置工程

说　明

一、本章包括电源安装调试、太阳能电池安装调试、整流器安装调试、电子设备防雷接地系统，适用于弱电系统设备自主配置的电源和电子防雷、接地的安装、调试工程。

二、太阳能电池安装，已含吊装太阳能电池组件的工作，使用中不论吊装高度，执行统一项目。

三、有关建筑电力电源、蓄电池、不间断电源布放电源线缆，套用其他专业的相应定额。

四、本章防雷、接地项目仅适用于电子设备防雷、接地安装工程。建筑防雷、接地套用其他专业的相应定额。

五、电子防雷接地系统调试参照套用建筑防雷接地系统调试的相应定额。

工程量计算规则

一、开关电源、调压器、整流器、整流模块安装，开关电源系统调测，以“台”计算。

二、太阳能电池方阵铁架安装，以“m²”计算。

三、太阳能电池安装以“组”计算。

四、天线铁塔防雷接地装置安装，以“处”计算。

五、浪涌保护器、接地模块安装，以“个”计算。

六、球状避雷器、消雷器安装，以“套”计算。

一、电源安装、调试

1.摄像机、开关电源

工作内容：开箱检查、检查基础、安装设备、连线,接地、调试、试运行、填写调试报告。 计量单位：台

定额编号				A5-8-1	A5-8-2	A5-8-3	A5-8-4
项目名称				摄像机用电源		开关电源	
				100VA以下	100VA以上	50VA以下	100VA以下
基价（元）				**20.73**	**26.33**	**22.13**	**29.13**
其中	人工费（元）			19.60	25.20	21.00	28.00
	材料费（元）			1.13	1.13	1.13	1.13
	机械费（元）			—	—	—	—
名称		单位	单价(元)	消耗量			
人工	综合工日	工日	140.00	0.140	0.180	0.150	0.200
材料	镀锌六角螺栓带帽 M6×25	10套	2.60	0.410	0.410	0.410	0.410
	棉纱头	kg	6.00	0.010	0.010	0.010	0.010

工作内容：开箱检查、检查基础、安装设备、连线,接地、调试、试运行、填写调试报告。 计量单位：台

定额编号				A5-8-5	A5-8-6	A5-8-7
项目名称				开关电源		
				200VA以下	600VA以下	1200VA以下
基价（元）				43.07	85.07	113.07
其中	人工费（元）			42.00	84.00	112.00
	材料费（元）			1.07	1.07	1.07
	机械费（元）			—	—	—
名称		单位	单价(元)	消耗量		
人工	综合工日	工日	140.00	0.300	0.600	0.800
材料	镀锌六角螺栓带帽 M6×25	10套	2.60	0.410	0.410	0.410

2. 直流、交流电源

工作内容：开箱检查、检查基础、安装设备、连线，接地、调试、试运行、填写调试报告。计量单位：台

定额编号				A5-8-8	A5-8-9	A5-8-10
项目名称				直流24V电源箱	交流稳压电源	
					≤5kVA	＞5kVA
基价（元）				**74.10**	**85.05**	**99.05**
其中	人工费（元）			70.00	84.00	98.00
	材料费（元）			4.10	1.05	1.05
	机械费（元）			—	—	—
名称		**单位**	**单价(元)**	**消耗量**		
人工	综合工日	工日	140.00	0.500	0.600	0.700
材料	镀锌六角螺栓带帽 M8×30	10套	3.70	0.410	—	—
	工业酒精 99.5%	kg	1.36	—	0.020	0.020
	焊锡丝	kg	54.10	0.020	0.010	0.010
	棉纱头	kg	6.00	—	0.050	0.050
	脱脂棉	kg	17.86	—	0.010	0.010
	其他材料费	元	1.00	1.500	—	—

3. 调压器、变压器安装

工作内容：开箱检查、检查基础、安装设备、连线，接地、调试、试运行、填写调试报告。 计量单位：台

定额编号				A5-8-11	A5-8-12
项目名称				安装调压器	
				≤100(kV·A)	≤500(kV·A)
基价（元）				42.30	70.30
其中	人工费（元）			42.00	70.00
	材料费（元）			0.30	0.30
	机械费（元）			—	—
名称		单位	单价(元)	消耗量	
人工	综合工日	工日	140.00	0.300	0.500
材料	棉纱头	kg	6.00	0.050	0.050

工作内容：开箱检查、检查基础、安装设备、连线，接地、调试、试运行、填写调试报告。计量单位：盘

定额编号				A5-8-13
项目名称				安装组合变换器 400W以下
基价（元）				63.30
其中	人工费（元）			63.00
	材料费（元）			0.30
	机械费（元）			—
名称		单位	单价（元）	消耗量
人工	综合工日	工日	140.00	0.450
材料	棉纱头	kg	6.00	0.050

工作内容：开箱检查、检查基础、安装设备、连线,接地、调试、试运行、填写调试报告。计量单位：架

定额编号				A5-8-14
项目名称				安装变换器 400W以上
基价（元）				112.30
其中	人工费（元）			112.00
	材料费（元）			0.30
	机械费（元）			—
名称		单位	单价(元)	消耗量
人工	综合工日	工日	140.00	0.800
材料	棉纱头	kg	6.00	0.050

4. 稳压器、整流模块安装

工作内容：开箱检验、清洁搬运、划线定位、安装固定、调整垂直及水平、安装附件、补充注油等。

计量单位：台

定额编号				A5-8-15
项目名称				电子交流稳压器
基价（元）				70.00
其中	人工费（元）			70.00
	材料费（元）			—
	机械费（元）			—
名称		单位	单价（元）	消耗量
人工	综合工日	工日	140.00	0.500

工作内容：开箱检验、清洁搬运、划线定位、安装固定、调整垂直及水平、安装附件、补充注油等。

计量单位：块

定额编号				A5-8-16
项目名称				安装整流模块
基价（元）				42.30
其中	人工费（元）			42.00
	材料费（元）			0.30
	机械费（元）			—
名称		单位	单价(元)	消耗量
人工	综合工日	工日	140.00	0.300
材料	棉纱头	kg	6.00	0.050

5. 开关电源系统调测

工作内容：绝缘测试、通电前检查、单机主要电气性能调试等。　　计量单位：台

定额编号				A5-8-17
项目名称				开关电源系统调测
基价（元）				280.30
其中	人工费（元）			280.00
	材料费（元）			0.30
	机械费（元）			—
名称		单位	单价(元)	消耗量
人工	综合工日	工日	140.00	2.000
材料	棉纱头	kg	6.00	0.050

二、太阳能电池安装、调试

1. 方阵铁架安装

工作内容：开箱检验、清洁搬运、组装、加固、调整安装角度、补漆等。　　计量单位：10m²

定额编号				A5-8-18	A5-8-19
项目名称				安装方阵铁架	
				基础底座上安装	铁塔上安装(40m以下)
基价（元）				398.14	920.64
其中	人工费（元）			280.00	700.00
	材料费（元）			5.38	6.58
	机械费（元）			112.76	214.06
名称		单位	单价(元)	消耗量	
人工	综合工日	工日	140.00	2.000	5.000
材料	电焊条	kg	5.98	0.900	1.100
机械	电动单筒慢速卷扬机 30kN	台班	210.22	0.400	0.800
	交流弧焊机 21kV·A	台班	57.35	0.500	0.800

2. 太阳能电池安装

工作内容：开箱检验、清洁搬运、起吊安装组件，调整方位和俯仰角，测试、记录、安装遮盖罩布，安装接线盒，组件与接线盒连接，子方阵与接线盒电路连接等。 计量单位：组

定额编号				A5-8-20	A5-8-21	A5-8-22
项目名称				太阳能电池安装		
				500wp以下	1000wp以下	1500wp以下
基价（元）				140.30	168.30	252.30
其中	人工费（元）			140.00	168.00	252.00
	材料费（元）			0.30	0.30	0.30
	机械费（元）			—	—	—
名称		单位	单价(元)	消耗量		
人工	综合工日	工日	140.00	1.000	1.200	1.800
材料	棉纱头	kg	6.00	0.050	0.050	0.050

工作内容：开箱检验、清洁搬运、起吊安装组件，调整方位和俯仰角，测试、记录、安装遮盖罩布，安装接线盒，组件与接线盒连接，子方阵与接线盒电路连接等。　计量单位：组

定额编号				A5-8-23	A5-8-24	A5-8-25
项目名称				太阳能电池安装		
				2000wp以下	3000wp以下	5000wp以下
基价（元）				350.30	420.30	560.30
其中	人工费（元）			350.00	420.00	560.00
	材料费（元）			0.30	0.30	0.30
	机械费（元）			—	—	—
名称		单位	单价(元)	消耗量		
人工	综合工日	工日	140.00	2.500	3.000	4.000
材料	棉纱头	kg	6.00	0.050	0.050	0.050

工作内容：开箱检验、清洁搬运、起吊安装组件，调整方位和俯仰角，测试、记录、安装遮盖罩布，安装接线盒，组件与接线盒连接，子方阵与接线盒电路连接等。

计量单位：组

定额编号				A5-8-26	A5-8-27
项目名称				太阳能电池安装	
				7000wp以下	10000wp以下
基价（元）				700.30	840.30
其中	人工费（元）			700.00	840.00
	材料费（元）			0.30	0.30
	机械费（元）			—	—
名称		单位	单价(元)	消耗量	
人工	综合工日	工日	140.00	5.000	6.000
材料	棉纱头	kg	6.00	0.050	0.050

3. 太阳能电池联测

工作内容：绝缘测试、太阳能电池与控制屏联测等。　　　　计量单位：台

定额编号				A5-8-28
项目名称				太阳能电池与控制屏联测(单方阵系统)
基价（元）				280.17
其中	人工费（元）			280.00
	材料费（元）			—
	机械费（元）			0.17
名称		单位	单价(元)	消耗量
人工	综合工日	工日	140.00	2.000
机械	兆欧表	台班	5.76	0.030

三、整流器安装、调试

1. 可控硅整流器

工作内容：开箱、清点、标记安装调试。

计量单位：台

定额编号				A5-8-29	A5-8-30	A5-8-31	A5-8-32
项目名称				可控硅整流器			
				48V/30A	48V/60A	≤48V/200A	≤48V/400A
基价（元）				**70.73**	**98.73**	**168.73**	**210.73**
其中	人工费（元）			70.00	98.00	168.00	210.00
	材料费（元）			0.73	0.73	0.73	0.73
	机械费（元）			—	—	—	—
名称		单位	单价(元)	消耗量			
人工	综合工日	工日	140.00	0.500	0.700	1.200	1.500
材料	线号套管(综合) φ3.5mm	只	0.12	6.120	6.120	6.120	6.120

2. 硅整流器

工作内容：开箱、清点、安装调试。　　　　计量单位：台

定额编号				A5-8-33	A5-8-34	A5-8-35	A5-8-36
项目名称				硅整流器			
				≤10kW	≤14kW	≤27kW	≤54kW
基价（元）				**168.73**	**196.73**	**224.73**	**252.73**
其中	人工费（元）			168.00	196.00	224.00	252.00
	材料费（元）			0.73	0.73	0.73	0.73
	机械费（元）			—	—	—	—
名称		单位	单价（元）	消耗量			
人工	综合工日	工日	140.00	1.200	1.400	1.600	1.800
材料	线号套管(综合) ϕ3.5mm	只	0.12	6.120	6.120	6.120	6.120

四、电子设备防雷接地系统

1.天线铁塔避雷装置安装

工作内容：安装、焊接、固定、补漆。　　　　计量单位：处

定额编号				A5-8-37	A5-8-38	A5-8-39
项目名称				架设天线铁塔避雷装置		
				避雷针	消雷器(2t以内)	波导馈线接地
基价（元）				172.54	154.81	137.28
其中	人工费（元）			140.00	140.00	71.40
	材料费（元）			3.86	14.81	37.20
	机械费（元）			28.68	—	28.68
名称		单位	单价(元)	消耗量		
人工	综合工日	工日	140.00	1.000	1.000	0.510
材料	避雷针(7m)	根	—	(1.000)	—	—
	U型螺栓带帽 M8	套	0.58	4.080	—	—
	扁钢	kg	3.40	—	—	10.500
	电焊条	kg	5.98	0.250	—	0.250
	镀锌精制六角头螺栓 M16×65～80mm	套	2.42	—	6.120	—
机械	交流弧焊机 21kV·A	台班	57.35	0.500	—	0.500

2. 信号浪涌保护器安装

工作内容：开箱、检查、打孔、固定、安装、接线、检验。　　　　计量单位：个

定额编号				A5-8-40	A5-8-41	A5-8-42
项目名称				雷电通流8/20μs		
				1kV	1.5kV	5kV
基价（元）				19.90	28.30	48.98
其中	人工费（元）			19.60	28.00	37.80
	材料费（元）			0.30	0.30	11.18
	机械费（元）			—	—	—
名称		单位	单价(元)	消耗量		
人工	综合工日	工日	140.00	0.140	0.200	0.270
材料	钢线卡子 φ9	个	3.59	—	—	3.030
	棉纱头	kg	6.00	0.050	0.050	0.050

工作内容：开箱、检查、打孔、固定、安装、接线、检验。　　计量单位：个

定额编号				A5-8-43	A5-8-44	A5-8-45
项目名称				雷电通流8/20μs		
				8kV	10kV	16kV
基价（元）				48.98	68.83	68.83
其中	人工费（元）			37.80	50.40	50.40
	材料费（元）			11.18	18.43	18.43
	机械费（元）			—	—	—
名称		单位	单价(元)	消耗量		
人工	综合工日	工日	140.00	0.270	0.360	0.360
材料	钢线卡子 φ9	个	3.59	3.030	5.050	5.050
	棉纱头	kg	6.00	0.050	0.050	0.050

3. 电源浪涌保护器

工作内容：开箱、检查、打孔、固定、安装、接线、检验。　　计量单位：个

定额编号				A5-8-46	A5-8-47	A5-8-48	A5-8-49
项目名称				雷电通流8/20μs			
				0.6kV	1kV	1.5kV	2.5kV
基价（元）				**36.38**	**36.38**	**39.18**	**39.18**
其中	人工费（元）			25.20	25.20	28.00	28.00
	材料费（元）			11.18	11.18	11.18	11.18
	机械费（元）			—	—	—	—
名称		**单位**	**单价(元)**	**消耗量**			
人工	综合工日	工日	140.00	0.180	0.180	0.200	0.200
材料	钢线卡子 φ9	个	3.59	3.030	3.030	3.030	3.030
	棉纱头	kg	6.00	0.050	0.050	0.050	0.050

工作内容：开箱、检查、打孔、固定、安装、接线、检验。 计量单位：个

定额编号				A5-8-50	A5-8-51	A5-8-52
项目名称				雷电通流8/20μs		
				5kV	7.5kV	10kV
基价（元）				39.18	46.18	46.18
其中	人工费（元）			28.00	35.00	35.00
	材料费（元）			11.18	11.18	11.18
	机械费（元）			—	—	—
名称		单位	单价(元)	消耗量		
人工	综合工日	工日	140.00	0.200	0.250	0.250
材料	钢线卡子 Φ9	个	3.59	3.030	3.030	3.030
	棉纱头	kg	6.00	0.050	0.050	0.050

工作内容：开箱、检查、打孔、固定、安装、接线、检验。　计量单位：个

定额编号				A5-8-53	A5-8-54	A5-8-55
项目名称				雷电通流8/20μs		
				15kV	20kV	100kV
基价（元）				53.43	56.23	56.23
其中	人工费（元）			35.00	37.80	37.80
	材料费（元）			18.43	18.43	18.43
	机械费（元）			—	—	—
名称		单位	单价(元)	消耗量		
人工	综合工日	工日	140.00	0.250	0.270	0.270
材料	钢线卡子 φ9	个	3.59	5.050	5.050	5.050
	棉纱头	kg	6.00	0.050	0.050	0.050

工作内容：开箱、检查、打孔、固定、安装、接线、检验。　　　　计量单位：台

定额编号				A5-8-56	A5-8-57	A5-8-58
项目名称				雷电通流8/20μs		
				125kV	160kV	200kV
基价（元）				68.83	68.83	99.31
其中	人工费（元）			50.40	50.40	70.00
	材料费（元）			18.43	18.43	29.31
	机械费（元）			—	—	—
名称		单位	单价(元)	消耗量		
人工	综合工日	工日	140.00	0.360	0.360	0.500
材料	钢线卡子 φ9	个	3.59	5.050	5.050	8.080
	棉纱头	kg	6.00	0.050	0.050	0.050

4. 其他避雷器

工作内容：组装、焊接、吊装、找正、固定、补漆。　　计量单位：套

定额编号				A5-8-59	A5-8-60
项目名称				球状避雷器	消雷器
基价（元）				641.26	262.07
其中	人工费（元）			582.40	252.00
	材料费（元）			30.18	10.07
	机械费（元）			28.68	—
名称		单位	单价(元)	消耗量	
人工	综合工日	工日	140.00	4.160	1.800
材料	避雷器	套	—	(1.000)	—
	消雷器	套	—	—	(1.000)
	冲击钻头 φ12	个	6.75	0.040	—
	电焊条	kg	5.98	1.000	—
	镀锌六角螺栓带帽 M16×50	10套	16.50	—	0.610
	钢板垫板	kg	5.13	3.500	—
	膨胀螺栓 M12	套	0.73	4.080	—
	调和漆	kg	6.00	0.500	—
机械	交流弧焊机 21kV·A	台班	57.35	0.500	—

5. 接地模块

工作内容：检查、埋设、焊接、防腐、检验。　　　　计量单位：个

定额编号				A5-8-61	A5-8-62
项目名称				电子设备防雷接地装置	
				接地模块	
				Φ100×500mm	Φ150×800mm
基价（元）				325.89	354.19
其中	人工费（元）			280.00	308.00
	材料费（元）			25.73	26.03
	机械费（元）			20.16	20.16
名称		单位	单价(元)	消耗量	
人工	综合工日	工日	140.00	2.000	2.200
材料	电焊条	kg	5.98	0.200	0.250
	镀锌扁钢 40×4	kg	4.75	5.000	5.000
	沥青清漆	kg	4.88	0.100	0.100
	棉纱头	kg	6.00	0.050	0.050
机械	交流弧焊机 21kV·A	台班	57.35	0.200	0.200
	接地电阻检测仪 ET6/3	台班	17.38	0.500	0.500

工作内容：检查、埋设、焊接、防腐、检验。　　　　　　　　　　　　　　　　　　计量单位：个

定额编号				A5-8-63	A5-8-64
项目名称				电子设备防雷接地装置	
				接地模块	
				φ260×1000mm	500×400×60mm
基价（元）				388.23	338.26
其中	人工费（元）			336.00	280.00
	材料费（元）			26.33	26.63
	机械费（元）			25.90	31.63
名称		单位	单价（元）	消耗量	
人工	综合工日	工日	140.00	2.400	2.000
材料	电焊条	kg	5.98	0.300	0.350
	镀锌扁钢 40×4	kg	4.75	5.000	5.000
	沥青清漆	kg	4.88	0.100	0.100
	棉纱头	kg	6.00	0.050	0.050
机械	交流弧焊机 21kV·A	台班	57.35	0.300	0.400
	接地电阻检测仪 ET6/3	台班	17.38	0.500	0.500

第九章 通讯系统设备工程

说　明

一、本章包括微波窄带接入，微波宽带接入，卫星通信，移动通信，光纤通信，程控交换机，微波通信等设备的安装、调试工程，适用于各类建筑物的通信系统的设备安装、调试和试运行。

二、光纤传输设备安装与调测项目 10Gb／s、2.5Gb／s、622Mb／s 系统按 1+0 状态编制。当系统为 1+1 状态时 TM 终端复用器每端增加 2 个工日，ADM 分插复用器每端增加 4 个工日。

三、系统试运行按 1 个月考虑。超过 1 个月，每增加 1 天，则综合工日、仪器仪表台班的用量分别按增加 3%计列。

四、本章不包括通信铁塔、铁塔基础施工、预埋件的埋设及电子防雷接地工程。若发生，套用其他专业和其他章节的相应定额。

五、本章包括泄漏电缆的敷设，不包括其他电缆及光缆的敷设，不包括设备的跳线的制作。若发生，套用其他章节的相应定额。

六、本章不包括配管、桥架、线槽、软管、插座和底盒、机柜、配线箱等安装。若发生，套用其他章节的相应定额。

七、本章不包括设备安装所需的支架、支座、构件、基础和手孔井等。若发生，套用其他章节的相应定额。

工程量计算规则

一、天线安装、调试，以“副”（天线加边加罩以“面”）计算。

二、馈线安装、调试，以“条”计算。

三、微波无线接入系统基站设备、用户站设备安装、调试，以“台”计算。

四、微波无线接入通信系统调试，以“站”计算。

五、微波无线接入通信系统试运行，以“系统”计算。

六、卫星通信甚小口径地面站（VSAT）中心站设备安装、调试，以“台”计算。

七、卫星通信甚小口径地面站（VSAT）端站设备安装、调试、中心站站内环测及全网系统对测，以“站”计算。

八、移动通信天线馈线系统中安装、调试，直放站设备、基站系统调试以及全系统联网调试，以“站”计算；安装泄漏电缆接头以“个”计算。

九、光纤数字传输设备安装、调试以“端”计算。

十、程控交换机安装、调试以“部”计算。

十一、程控交换机中继线调试以“路”计算。

十二、数字微波通信设备安装、调试以“套”计算。

十三、数字微波通信系统联调以“站”计算。

十四、数字微波通信系统试运行，以“系统”计算。

一、微波窄带无线接入系统设备安装、调试

1.基站设备安装

工作内容：开箱检查、清点资料、清洁、连接地线、设备安装及线缆连接、加电检查、清理现场。

计量单位：台

定额编号				A5-9-1	A5-9-2
项目名称				基站主设备	网管设备
基价（元）				426.59	146.59
其中	人工费（元）			420.00	140.00
	材料费（元）			6.59	6.59
	机械费（元）			—	—
名称		单位	单价(元)	消耗量	
人工	综合工日	工日	140.00	3.000	1.000
材料	冲击钻头 φ8	个	5.38	0.040	0.040
	棉纱头	kg	6.00	0.500	0.500
	膨胀螺栓 M8	套	0.25	4.080	4.080
	其他材料费	元	1.00	2.350	2.350

工作内容：开箱检查、清点资料、清洁、连接地线、设备安装及线缆连接、加电检查、清理现场。

计量单位：个

定额编号					A5-9-3	A5-9-4
项目名称					基站接口单元/话路	
					8路以下	每增加4路
基价（元）					72.14	16.14
其中	人工费（元）				70.00	14.00
	材料费（元）				2.14	2.14
	机械费（元）				—	—
名称			单位	单价(元)	消耗量	
人工	综合工日		工日	140.00	0.500	0.100
材料	棉纱头		kg	6.00	0.200	0.200
	其他材料费		元	1.00	0.940	0.940

工作内容：开箱检查、清点资料、清洁、连接地线、设备安装及线缆连接、加电检查、清理现场。

计量单位：个

定额编号				A5-9-5	A5-9-6
项目名称				基站接口单元/数据	
				4路以下	每增加2路
基价（元）				114.14	23.14
其中	人工费（元）			112.00	21.00
	材料费（元）			2.14	2.14
	机械费（元）			—	—
名称		单位	单价（元）	消耗量	
人工	综合工日	工日	140.00	0.800	0.150
材料	棉纱头	kg	6.00	0.200	0.200
	其他材料费	元	1.00	0.940	0.940

2. 用户站设备安装

工作内容：开箱检查、清点资料、清洁、连接地线、设备安装及线缆连接、加电检查、清理现场。

计量单位：台

定额编号				A5-9-7
项目名称				用户站主设备
基价（元）				215.75
其中	人工费（元）			210.00
	材料费（元）			5.75
	机械费（元）			—
名称		单位	单价(元)	消耗量
人工	综合工日	工日	140.00	1.500
材料	冲击钻头 Φ8	个	5.38	0.040
	膨胀螺栓 M8	套	0.25	4.080
	脱脂棉	kg	17.86	0.200
	其他材料费	元	1.00	0.940

工作内容：开箱检查、清点资料、清洁、连接地线、设备安装及线缆连接、加电检查、清理现场。

计量单位：个

定额编号				A5-9-8	A5-9-9	A5-9-10
项目名称				用户站接口单元/话路		数据(每路)
				4路以下	每增加4路	
基价（元）				46.51	14.31	32.51
其中	人工费（元）			42.00	9.80	28.00
	材料费（元）			4.51	4.51	4.51
	机械费（元）			—	—	—
名称		单位	单价(元)	消耗量		
人工	综合工日	工日	140.00	0.300	0.070	0.200
材料	脱脂棉	kg	17.86	0.200	0.200	0.200
	其他材料费	元	1.00	0.940	0.940	0.940

3. 基站调试

工作内容：检查电源输出、测试输出功率、数据接口单元跳线设置、检查工作状态、网管软件安装与调试，进行系统设置。

计量单位：台

定额编号				A5-9-11	A5-9-12
项目名称				基站主设备调试	网络管理设备调试
基价（元）				**269.81**	**519.89**
其中	人工费（元）			210.00	420.00
	材料费（元）			0.89	0.89
	机械费（元）			58.92	99.00
名称		**单位**	**单价(元)**	**消耗量**	
人工	综合工日	工日	140.00	1.500	3.000
材料	脱脂棉	kg	17.86	0.050	0.050
机械	示波器	台班	9.61	0.800	1.600
	数字频率计	台班	18.84	0.800	0.600
	中功率计 HP436B	台班	45.20	0.800	1.600

4.用户站调试

工作内容：检查电源输出、测试输出功率、一个用户站内部话路交换调试、数据接口单元跳线设置、检查工作状态。

计量单位：台

定额编号				A5-9-13
项目名称				用户站主设备调试
基价（元）				193.92
其中	人工费（元）			140.00
	材料费（元）			0.89
	机械费（元）			53.03
名称		单位	单价（元）	消耗量
人工	综合工日	工日	140.00	1.000
材料	脱脂棉	kg	17.86	0.050
机械	示波器	台班	9.61	0.720
	数字频率计	台班	18.84	0.720
	中功率计 HP436B	台班	45.20	0.720

5. 系统联调

工作内容：测试发射功率、接收电平、无线信道误码，基站与用户站交换机互联；建立基站与用户站之间的通信链路，网管功能调试，检查话音质量，测试数据业务传输误码，系统功能调试。

计量单位：站

定额编号				A5-9-14	A5-9-15
项目名称				基站对1个用户站	基站每增加1个用户站
基价（元）				**2920.08**	**1914.18**
其中	人工费（元）			1120.00	840.00
	材料费（元）			—	—
	机械费（元）			1800.08	1074.18
名称		单位	单价（元）	消耗量	
人工	综合工日	工日	140.00	8.000	6.000
机械	对讲机(一对)	台班	4.19	4.000	1.000
	示波器	台班	9.61	3.000	1.800
	数字频率计	台班	18.84	3.000	1.800
	误码率测试仪	台班	520.79	3.000	1.800
	中功率计 HP436B	台班	45.20	3.000	1.800

6. 系统试运行

工作内容：根据规范要求,测试各种技术指标的稳定性、可靠性。　　计量单位：系统

定额编号				A5-9-16
项目名称				系统试运行
基价（元）				3264.12
其中	人工费（元）			1400.00
	材料费（元）			—
	机械费（元）			1864.12
名称		单位	单价（元）	消耗量
人工	综合工日	工日	140.00	10.000
机械	对讲机(一对)	台班	4.19	4.000
	示波器	台班	9.61	3.000
	数字频率计	台班	18.84	4.000
	误码率测试仪	台班	520.79	3.000
	中功率计 HP436B	台班	45.20	4.000

二、微波宽带无线接入系统设备安装、调试

1.基站设备安装、调试

工作内容：开箱检查、清点资料、设备安装、加电检查、调试设备、网管软件安装与调试、系统设置、清理现场。

计量单位：台

定额编号				A5-9-17	A5-9-18	A5-9-19
项目名称				基站主设备	变频设备	网管设备
基价（元）				**3697.48**	**366.54**	**3556.88**
其中	人工费（元）			2520.00	252.00	3500.00
	材料费（元）			0.60	0.60	0.60
	机械费（元）			1176.88	113.94	56.28
名称		单位	单价(元)	消耗量		
人工	综合工日	工日	140.00	18.000	1.800	25.000
材料	棉纱头	kg	6.00	0.100	0.100	0.100
机械	笔记本电脑	台班	9.38	4.000	—	6.000
	频谱分析仪	台班	266.00	4.000	0.400	—
	数字频率计	台班	18.84	4.000	0.400	—

工作内容：开箱检查、清点资料、设备安装、加电检查、调试设备、网管软件安装与调试、系统设置、清理现场。

计量单位：台

定额编号				A5-9-20	A5-9-21
项目名称				基站室外单元	
				收发单元一体	收发单元分体
基价（元）				189.17	140.60
其中	人工费（元）			182.00	140.00
	材料费（元）			0.60	0.60
	机械费（元）			6.57	—
名称		单位	单价(元)	消耗量	
人工	综合工日	工日	140.00	1.300	1.000
材料	棉纱头	kg	6.00	0.100	0.100
机械	笔记本电脑	台班	9.38	0.700	—

2. 用户站设备安装、调试

工作内容：开箱检查、清点资料、设备就位与安装、防雷接地、加电检查、调试设备、清理现场。

计量单位：台

定额编号				A5-9-22	A5-9-23
项目名称				用户站主设备	用户站室外单元(个)
基价（元）				824.62	169.60
其中	人工费（元）			448.00	168.00
	材料费（元）			2.60	1.60
	机械费（元）			374.02	—
名称		单位	单价(元)	消耗量	
人工	综合工日	工日	140.00	3.200	1.200
材料	棉纱头	kg	6.00	0.100	0.100
	其他材料费	元	1.00	2.000	1.000
机械	笔记本电脑	台班	9.38	1.000	—
	频谱分析仪	台班	266.00	1.300	—
	数字频率计	台班	18.84	1.000	—

3. 系统联调

工作内容：技术准备、完善系统设置、基站互联、与网络设备(交换机、路由器)互联、基站入网测试、子网调整、IP调整、系统指标测试、功能验证、业务种类设置。　　计量单位：站

定额编号				A5-9-24	A5-9-25
项目名称				基站系统联调	
				50个用户站以下	100个用户站以下
基价（元）				1715.96	2041.35
其中	人工费（元）			728.00	560.00
	材料费（元）			1.18	1.18
	机械费（元）			986.78	1480.17
名称		单位	单价(元)	消耗量	
人工	综合工日	工日	140.00	5.200	4.000
材料	棉纱头	kg	6.00	0.100	0.100
	其他材料费	元	1.00	0.580	0.580
机械	笔记本电脑	台班	9.38	2.000	3.000
	对讲机(一对)	台班	4.19	2.000	3.000
	频谱分析仪	台班	266.00	2.000	3.000
	数字频率计	台班	18.84	2.000	3.000
	网络分析仪	台班	194.98	2.000	3.000

工作内容：技术准备、完善系统设置、基站互联、与网络设备(交换机、路由器)互联、基站入网测试、子网调整、IP调整、系统指标测试、功能验证、业务种类设置。 计量单位：站

定额编号				A5-9-26
项目名称				基站系统联调 100个用户站以上 每增加10个站
基价（元）				1894.57
其中	人工费（元）			1400.00
	材料费（元）			1.18
	机械费（元）			493.39
名称		单位	单价(元)	消耗量
人工	综合工日	工日	140.00	10.000
材料	棉纱头	kg	6.00	0.100
	其他材料费	元	1.00	0.580
机械	笔记本电脑	台班	9.38	1.000
	对讲机(一对)	台班	4.19	1.000
	频谱分析仪	台班	266.00	1.000
	数字频率计	台班	18.84	1.000
	网络分析仪	台班	194.98	1.000

4. 系统试运行

工作内容：根据规范要求、测试各项技术指标的稳定性、可靠性。　　　　计量单位：系统

定额编号				A5-9-27
项目名称				系统试运行
基价（元）				3338.58
其中	人工费（元）			2100.00
	材料费（元）			5.10
	机械费（元）			1233.48
名称		单位	单价(元)	消耗量
人工	综合工日	工日	140.00	15.000
材料	打印纸 A4	包	17.50	0.200
	棉纱头	kg	6.00	0.100
	其他材料费	元	1.00	1.000
机械	笔记本电脑	台班	9.38	2.500
	对讲机(一对)	台班	4.19	2.500
	频谱分析仪	台班	266.00	2.500
	数字频率计	台班	18.84	2.500
	网络分析仪	台班	194.98	2.500

三、卫星通讯小口径地面站(VSAT)设备安装、调试

1. 中心站设备安装、调试

工作内容：开箱检查、设备安装、单机及单元调试。　　计量单位：台

定额编号				A5-9-28	A5-9-29	A5-9-30	A5-9-31
项目名称				中心站			
				室外单元		室内单元	监控设备
				系统安装	系统测试	安装调试	
基价（元）				4439.87	14940.05	22874.27	8627.79
其中	人工费（元）			4439.40	10446.80	14364.00	5223.40
	材料费（元）			0.47	0.47	0.47	0.47
	机械费（元）			—	4492.78	8509.80	3403.92
名称		单位	单价（元）	消耗量			
人工	综合工日	工日	140.00	31.710	74.620	102.600	37.310
材料	其他材料费	元	1.00	0.470	0.470	0.470	0.470
机械	笔记本电脑	台班	9.38	—	10.000	10.000	4.000
	频谱分析仪	台班	266.00	—	10.000	10.000	4.000
	扫频信号发生器 HP8622A	台班	198.48	—	6.000	—	—
	示波器	台班	9.61	—	10.000	10.000	4.000
	误码率测试仪	台班	520.79	—	—	10.000	4.000
	中功率计 HP436B	台班	45.20	—	10.000	10.000	4.000

2. 端站设备安装、调试

工作内容：开箱检查、设备安装、单机及单元调试、室内中频环测、开通测试、与中心站对测、用户试通。

计量单位：站

定额编号				A5-9-32
项目名称				端站设备安装、调试
基价（元）				8172.57
其中	人工费（元）			3917.20
	材料费（元）			0.47
	机械费（元）			4254.90
名称		单位	单价(元)	消耗量
人工	综合工日	工日	140.00	27.980
材料	其他材料费	元	1.00	0.470
机械	笔记本电脑	台班	9.38	5.000
	频谱分析仪	台班	266.00	5.000
	示波器	台班	9.61	5.000
	误码率测试仪	台班	520.79	5.000
	中功率计 HP436B	台班	45.20	5.000

3. 中心站站内环测及全网系统对测

工作内容：1. 站内中频和射频环测； 2. 中心站与各端站对测、用户试通。 计量单位：站

定额编号				A5-9-33	A5-9-34	A5-9-35
项目名称				中心站	全网系统对测	
				站内环测	30个端站以下	每增1个端站
基价（元）				4812.41	18046.63	452.70
其中	人工费（元）			2088.80	7834.40	196.00
	材料费（元）			0.47	0.47	1.41
	机械费（元）			2723.14	10211.76	255.29
名称		单位	单价(元)	消耗量		
人工	综合工日	工日	140.00	14.920	55.960	1.400
材料	其他材料费	元	1.00	0.470	0.470	1.410
机械	笔记本电脑	台班	9.38	3.200	12.000	0.300
	频谱分析仪	台班	266.00	3.200	12.000	0.300
	示波器	台班	9.61	3.200	12.000	0.300
	误码率测试仪	台班	520.79	3.200	12.000	0.300
	中功率计 HP436B	台班	45.20	3.200	12.000	0.300

四、移动通讯设备安装、调试

1. 移动通信天线、馈线系统安装

工作内容：现场复勘、开箱校验、清洁搬运、起吊、安装天线、天线加固、调整方位角、调整俯仰角、清理现场等。

计量单位：副

定额编号				A5-9-36	A5-9-37
项目名称				全向天线安装	
				楼顶铁塔挂高	
				20m以下	每增加10m
基价（元）				**980.94**	**140.94**
其中	人工费（元）			980.00	140.00
	材料费（元）			0.94	0.94
	机械费（元）			—	—
名称		单位	单价(元)	消耗量	
人工	综合工日	工日	140.00	7.000	1.000
材料	其他材料费	元	1.00	0.940	0.940

注：全向天线高度在4m以下时，按本项目执行；长度在4m以上时，按本项目综合工日乘以1.2系数记。

工作内容：现场复勘、开箱校验、清洁搬运、起吊、安装天线、天线加固、调整方位角、调整俯仰角、清理现场等。

计量单位：副

定额编号				A5-9-38	A5-9-39
项目名称				全向天线安装	
				地面铁塔挂高	
				40m以下	70m以下
基价（元）				1120.94	1680.94
其中	人工费（元）			1120.00	1680.00
	材料费（元）			0.94	0.94
	机械费（元）			—	—
名称		单位	单价(元)	消耗量	
人工	综合工日	工日	140.00	8.000	12.000
材料	其他材料费	元	1.00	0.940	0.940

工作内容：现场复勘、开箱校验、清洁搬运、起吊、安装天线、天线加固、调整方位角、调整俯仰角、清理现场等。

计量单位：副

定额编号				A5-9-40	A5-9-41
项目名称				全向天线安装	
				地面铁塔挂高	
				90m以下	每增加10m
基价（元）				2240.94	280.94
其中	人工费（元）			2240.00	280.00
	材料费（元）			0.94	0.94
	机械费（元）			—	—
名称		单位	单价(元)	消耗量	
人工	综合工日	工日	140.00	16.000	2.000
材料	其他材料费	元	1.00	0.940	0.940

工作内容：现场复勘、开箱校验、清洁搬运、起吊、安装天线、天线加固、调整方位角、调整俯仰角、清理现场等。

计量单位：副

定额编号				A5-9-42	A5-9-43
项目名称				全向天线安装	
				拉线塔上	支撑杆上
基价（元）				1260.94	700.94
其中	人工费（元）			1260.00	700.00
	材料费（元）			0.94	0.94
	机械费（元）			—	—
名称		单位	单价(元)	消耗量	
人工	综合工日	工日	140.00	9.000	5.000
材料	其他材料费	元	1.00	0.940	0.940

工作内容：现场复勘、开箱校验、清洁搬运、起吊、安装天线、天线加固、调整方位角、调整俯仰角、清理现场等。

计量单位：副

定额编号				A5-9-44	A5-9-45
项目名称				定向天线安装	
				楼顶铁塔挂高	
				20m以下	每增加10m
基价（元）				1120.94	140.94
其中	人工费（元）			1120.00	140.00
	材料费（元）			0.94	0.94
	机械费（元）			—	—
名称		单位	单价(元)	消耗量	
人工	综合工日	工日	140.00	8.000	1.000
材料	其他材料费	元	1.00	0.940	0.940

工作内容：现场复勘、开箱校验、清洁搬运、起吊、安装天线、天线加固、调整方位角、调整俯仰角、清理现场等。

计量单位：副

定额编号				A5-9-46	A5-9-47	A5-9-48	A5-9-49
项目名称				定向天线安装			
				地面铁塔挂高			
				40m以下	70m以下	90m以下	每增加10m
基价（元）				1260.94	1820.94	2380.94	280.94
其中	人工费（元）			1260.00	1820.00	2380.00	280.00
	材料费（元）			0.94	0.94	0.94	0.94
	机械费（元）			—	—	—	—
名称		单位	单价(元)	消耗量			
人工	综合工日	工日	140.00	9.000	13.000	17.000	2.000
材料	其他材料费	元	1.00	0.940	0.940	0.940	0.940

工作内容：现场复勘、开箱校验、清洁搬运、起吊、安装天线、天线加固、调整方位角、调整俯仰角、清理现场等。

计量单位：副

定额编号				A5-9-50	A5-9-51	A5-9-52	A5-9-53
项目名称				定向天线安装			室内天线安装
				拉线塔上	支撑杆上	楼外墙上	
基价（元）				1540.94	840.94	1820.94	70.94
其中	人工费（元）			1540.00	840.00	1820.00	70.00
	材料费（元）			0.94	0.94	0.94	0.94
	机械费（元）			—	—	—	—
名称		单位	单价(元)	消耗量			
人工	综合工日	工日	140.00	11.000	6.000	13.000	0.500
材料	其他材料费	元	1.00	0.940	0.940	0.940	0.940

2. 移动通信天线、馈线系统调试

工作内容：调试驻波比、损耗等。 计量单位：副

定额编号				A5-9-54	A5-9-55
项目名称				基站天线	分布式天线
				馈线系统调试	
基价（元）				458.48	152.39
其中	人工费（元）			420.00	140.00
	材料费（元）			0.60	0.60
	机械费（元）			37.88	11.79
名称		单位	单价（元）	消耗量	
人工	综合工日	工日	140.00	3.000	1.000
材料	棉纱头	kg	6.00	0.100	0.100
机械	场强仪 RR3A	台班	9.55	0.600	0.200
	对讲机(一对)	台班	4.19	1.200	0.200
	中功率计 HP436B	台班	45.20	0.600	0.200

注：馈线调试按馈线条/副(每2个接头为1条)计算。

3. 移动通信馈线安装

工作内容：穿引线、扫管、涂滑石粉、放线、穿线、编号、临时封头等。　　　　计量单位：100m

定额编号				A5-9-56	A5-9-57
项目名称				管内穿泄漏电缆	线槽内布放泄漏电缆
基价（元）				221.22	233.84
其中	人工费（元）			217.00	231.00
	材料费（元）			2.23	0.85
	机械费（元）			1.99	1.99
名称		单位	单价(元)	消耗量	
人工	综合工日	工日	140.00	1.550	1.650
材料	泄漏电缆	m	—	(103.000)	(104.000)
	镀锌铁丝 14号	kg	3.57	0.100	0.100
	尼龙扎带 L=100～150	个	0.04	—	6.000
	线号套管(综合) φ3.5mm	只	0.12	2.100	2.100
	装料胶布带 25mm×10mm	卷	1.20	1.350	—
机械	对讲机(一对)	台班	4.19	0.475	0.475

工作内容：检查器材、成端接头、固定接头。　　　　计量单位：10个

定额编号				A5-9-58	A5-9-59
项目名称				射频电缆接头	
				架空	地面
基价（元）				130.67	35.24
其中	人工费（元）			130.20	35.00
	材料费（元）			0.47	0.24
	机械费（元）			—	—
名称		单位	单价(元)	消耗量	
人工	综合工日	工日	140.00	0.930	0.250
材料	插头	个	—	(10.100)	(10.100)
	其他材料费	元	1.00	0.470	0.235

4.基站设备安装

工作内容：开箱校验、划线定位、安装固定、加电调试、清理现场等。　　　　　　　　计量单位：台

定额编号				A5-9-60	A5-9-61
项目名称				安装基站设备	
				落地式	壁挂式
基价（元）				**704.45**	**492.49**
其中	人工费（元）			700.00	490.00
	材料费（元）			4.45	2.49
	机械费（元）			—	—
名称		单位	单价(元)	消耗量	
人工	综合工日	工日	140.00	5.000	3.500
材料	冲击钻头 ф12	个	6.75	0.040	0.040
	棉纱头	kg	6.00	0.200	0.200
	膨胀螺栓 M10	套	0.25	—	4.080
	膨胀螺栓 M12	套	0.73	4.080	—

工作内容：开箱校验、划线定位、安装固定、加电调试、清理现场等。　　计量单位：个

定额编号				A5-9-62
项目名称				安装信道板载频
基价（元）				142.14
其中	人工费（元）			140.00
	材料费（元）			2.14
	机械费（元）			—
名称		单位	单价（元）	消耗量
人工	综合工日	工日	140.00	1.000
材料	棉纱头	kg	6.00	0.200
	其他材料费	元	1.00	0.940

注：安装信道板子目仅适用于已有机架的扩容工程。

工作内容：开箱校验、划线定位、安装固定、加电调试、清理现场等。　　　　计量单位：站

定额编号				A5-9-63
项目名称				安装、调试直放站设备
基价（元）				2175.84
其中	人工费（元）			1260.00
	材料费（元）			5.39
	机械费（元）			910.45
名称		单位	单价(元)	消耗量
人工	综合工日	工日	140.00	9.000
材料	冲击钻头 Φ12	个	6.75	0.040
	棉纱头	kg	6.00	0.200
	膨胀螺栓 M12	套	0.73	4.080
	其他材料费	元	1.00	0.940
机械	逻辑分析仪	台班	125.84	3.000
	无线电综合测试仪 2955B	台班	147.51	3.000
	中功率计 HP436B	台班	45.20	2.000

注：安装信道板子目仅适用于已有机架的扩容工程。

工作内容：开箱校验、划线定位、安装固定、加电调试、清理现场等。　　　　计量单位：个

定 额 编 号				A5-9-64
项 目 名 称				安装基站壁挂式监控配线箱
基 价（元）				143.43
其中	人 工 费（元）			140.00
	材 料 费（元）			3.43
	机 械 费（元）			—
名 称		单位	单价(元)	消 耗 量
人工	综合工日	工日	140.00	1.000
材料	冲击钻头 ф12	个	6.75	0.040
	棉纱头	kg	6.00	0.200
	膨胀螺栓 M10	套	0.25	4.080
	其他材料费	元	1.00	0.940

注：安装信道板子目仅适用于已有机架的扩容工程。

5. 基站设备调试

工作内容：硬件调整、频率调整、告诫测试、功率调测、时钟校正、传输测试、数据下载、呼叫测试、整理等。

计量单位：站

定额编号				A5-9-65	A5-9-66	A5-9-67
项目名称				GSM(TETRA, IDNE)基站系统调测		
				3个载频以下	6个载频以下	每增加1个载频
基价（元）				3670.14	7172.17	359.54
其中	人工费（元）			2240.00	4480.00	140.00
	材料费（元）			1.20	1.20	1.20
	机械费（元）			1428.94	2690.97	218.34
名称		单位	单价(元)	消耗量		
人工	综合工日	工日	140.00	16.000	32.000	1.000
材料	棉纱头	kg	6.00	0.200	0.200	0.200
机械	场强仪 RR3A	台班	9.55	2.000	3.800	0.300
	基站系统测试仪 HP8922A	台班	19.95	3.000	5.400	0.500
	示波器	台班	9.61	3.000	5.400	0.500
	数字频率计	台班	18.84	2.000	3.800	0.300
	误码率测试仪	台班	520.79	2.000	3.800	0.300
	信令综合测试仪 HP337422A	台班	50.50	3.000	5.400	0.500
	中功率计 HP436B	台班	45.20	2.000	3.800	0.300

工作内容：硬件调整、频率调整、告诫测试、功率调测、时钟校正、传输测试、数据下载、呼叫测试、整理等。

计量单位：站

定额编号				A5-9-68	A5-9-69
项目名称				CDMA基站系统调试	
				6个"扇·载"以下	每增加1个"扇·载"
基价（元）				8527.84	758.42
其中	人工费（元）			4480.00	420.00
	材料费（元）			1.20	1.20
	机械费（元）			4046.64	337.22
名称		单位	单价(元)	消耗量	
人工	综合工日	工日	140.00	32.000	3.000
材料	棉纱头	kg	6.00	0.200	0.200
机械	场强仪 RR3A	台班	9.55	6.000	0.500
	基站系统测试仪 HP8922A	台班	19.95	6.000	0.500
	示波器	台班	9.61	6.000	0.500
	数字频率计	台班	18.84	6.000	0.500
	误码率测试仪	台班	520.79	6.000	0.500
	信令综合测试仪 HP337422A	台班	50.50	6.000	0.500
	中功率计 HP436B	台班	45.20	6.000	0.500

注："扇·载":指一个扇区与一个载频之积,全向天线按一个扇区处理。

工作内容：硬件调整、频率调整、告诫测试、功率调测、时钟校正、传输测试、数据下载、呼叫测试、整理等。

计量单位：站

定额编号				A5-9-70	A5-9-71
项目名称				寻呼基站系统调试	
				1个频点	每增加1个频点
基价（元）				1375.64	205.13
其中	人工费（元）			700.00	70.00
	材料费（元）			1.20	0.24
	机械费（元）			674.44	134.89
名称		单位	单价(元)	消耗量	
人工	综合工日	工日	140.00	5.000	0.500
材料	棉纱头	kg	6.00	0.200	0.040
机械	场强仪 RR3A	台班	9.55	1.000	0.200
	基站系统测试仪 HP8922A	台班	19.95	1.000	0.200
	示波器	台班	9.61	1.000	0.200
	数字频率计	台班	18.84	1.000	0.200
	误码率测试仪	台班	520.79	1.000	0.200
	信令综合测试仪 HP337422A	台班	50.50	1.000	0.200
	中功率计 HP436B	台班	45.20	1.000	0.200

6. 移动寻呼控制中心设备安装、调试

工作内容：开箱校验、清洁搬运、划线定位、打孔、设备加固、安装机盘、做标识、加电测试、清理现场等。

计量单位：架

定额编号				A5-9-72
项目名称				自动寻呼终端设备
基价（元）				1681.20
其中	人工费（元）			1680.00
	材料费（元）			1.20
	机械费（元）			—
名称		单位	单价(元)	消耗量
人工	综合工日	工日	140.00	12.000
材料	棉纱头	kg	6.00	0.200

工作内容：开箱校验、清洁搬运、划线定位、打孔、设备加固、安装机盘、做标识、加电测试、清理现场等。

计量单位：套

定额编号				A5-9-73
项目名称				数据处理中心设备
基价（元）				1961.20
其中	人工费（元）			1960.00
	材料费（元）			1.20
	机械费（元）			—
名称		单位	单价(元)	消耗量
人工	综合工日	工日	140.00	14.000
材料	棉纱头	kg	6.00	0.200

工作内容：开箱校验、清洁搬运、划线定位、打孔、设备加固、安装机盘、做标识、加电测试、清理现场等。

计量单位：台

定额编号				A5-9-74
项目名称				寻呼专用调度交换机
基价（元）				981.20
其中	人工费（元）			980.00
	材料费（元）			1.20
	机械费（元）			—
名称		单位	单价(元)	消耗量
人工	综合工日	工日	140.00	7.000
材料	棉纱头	kg	6.00	0.200

工作内容：开箱校验、清洁搬运、划线定位、打孔、设备加固、安装机盘、做标识、加电测试、清理现场等。

计量单位：台

定额编号				A5-9-75	A5-9-76
项目名称				寻呼台人工操作终端	
				10台	每增加1台
基价（元）				2801.20	71.20
其中	人工费（元）			2800.00	70.00
	材料费（元）			1.20	1.20
	机械费（元）			—	—
名称		单位	单价(元)	消耗量	
人工	综合工日	工日	140.00	20.000	0.500
材料	棉纱头	kg	6.00	0.200	0.200

7. 交换附属设备安装、调试

工作内容：开箱校验、清洁搬运、划线定位、安装加固、安装机盘、单机电器性能测试、软件调试、清理现场等。

计量单位：架

定额编号				A5-9-77
项目名称				交换附属设备安装、调试 短信、语音信箱设备
基价（元）				1400.29
其中	人工费（元）			1400.00
	材料费（元）			0.29
	机械费（元）			—
名称		单位	单价(元)	消耗量
人工	综合工日	工日	140.00	10.000
材料	其他材料费	元	1.00	0.290

工作内容：开箱校验、清洁搬运、安装加固、单机电器性能测试、软件测试、功能测试等。

计量单位：套

定额编号				A5-9-78
项目名称				交换附属设备安装、调试 操作维护中心设备(OMC)
基价（元）				1960.29
其中	人工费（元）			1960.00
	材料费（元）			0.29
	机械费（元）			—
名称		单位	单价(元)	消耗量
人工	综合工日	工日	140.00	14.000
材料	其他材料费	元	1.00	0.290

工作内容：开箱校验、清洁搬运、划线定位、安装计价、设备加固、安装机盘及电路板、加电检验、清理现场等。

计量单位：套

定额编号				A5-9-79
项目名称				交换附属设备安装、调试
				基站控制器、变码器设备(OMC)
基价（元）				560.29
其中	人工费（元）			560.00
	材料费（元）			0.29
	机械费（元）			—
名称		单位	单价(元)	消耗量
人工	综合工日	工日	140.00	4.000
材料	其他材料费	元	1.00	0.290

工作内容：硬件检验、告警测试、中继测试、建立系统参数、软件包安装等。　　计量单位：套

定额编号				A5-9-80
项目名称				交换附属设备安装、调试 基站控制器、变码器设备
基价（元）				280.29
其中	人工费（元）			280.00
	材料费（元）			0.29
	机械费（元）			—
	名称	单位	单价(元)	消耗量
人工	综合工日	工日	140.00	2.000
材料	其他材料费	元	1.00	0.290

8. 联网调试

工作内容：覆盖测试、传输电路验证、切换测试、干扰测试、告警测试、数据整理等。　　计量单位：站

定额编号				A5-9-81	A5-9-82
项目名称				GSM(TETRA, IDNE)	
				全向天线基站	定向天线基站及CDMA基站
基价（元）				**1974.59**	**3948.89**
其中	人工费（元）			1400.00	2800.00
	材料费（元）			0.29	0.29
	机械费（元）			574.30	1148.60
名称		单位	单价(元)	消耗量	
人工	综合工日	工日	140.00	10.000	20.000
材料	其他材料费	元	1.00	0.290	0.290
机械	场强仪 RR3A	台班	9.55	5.000	10.000
	示波器	台班	9.61	5.000	10.000
	信令综合测试仪 HP337422A	台班	50.50	5.000	10.000
	中功率计 HP436B	台班	45.20	5.000	10.000

工作内容：覆盖测试、传输电路验证、切换测试、干扰测试、告警测试、数据整理等。　计量单位：站

定额编号				A5-9-83
项目名称				寻呼基站
基价（元）				650.01
其中	人工费（元）			420.00
	材料费（元）			0.29
	机械费（元）			229.72
名称		单位	单价(元)	消耗量
人工	综合工日	工日	140.00	3.000
材料	其他材料费	元	1.00	0.290
机械	场强仪 RR3A	台班	9.55	2.000
	示波器	台班	9.61	2.000
	信令综合测试仪 HP337422A	台班	50.50	2.000
	中功率计 HP436B	台班	45.20	2.000

9. 系统试运行

工作内容：根据规范要求，测试各项技术的稳定性、可靠性。　　　　计量单位：系统

定额编号				A5-9-84
项目名称				系统试运行
基价（元）				3399.99
其中	人工费（元）			2800.00
	材料费（元）			4.74
	机械费（元）			595.25
名称		单位	单价（元）	消耗量
人工	综合工日	工日	140.00	20.000
材料	打印纸 A4	包	17.50	0.200
	棉纱头	kg	6.00	0.050
	其他材料费	元	1.00	0.940
机械	场强仪 RR3A	台班	9.55	5.000
	对讲机（一对）	台班	4.19	5.000
	示波器	台班	9.61	5.000
	信令综合测试仪 HP337422A	台班	50.50	5.000
	中功率计 HP436B	台班	45.20	5.000

五、光纤数字传输设备安装、调试

1.光纤传输设备安装、调试

工作内容：开箱检验、安装设备、设备调试。　　计量单位：端

定额编号				A5-9-85	A5-9-86
项目名称				10Gb/s	
				终端复用器	分插复用器
				TM	ADM
				安装、调试SDH	
基价（元）				3309.64	4661.85
其中	人工费（元）			3003.00	4048.80
	材料费（元）			0.24	0.24
	机械费（元）			306.40	612.81
名称		单位	单价(元)	消耗量	
人工	综合工日	工日	140.00	21.450	28.920
材料	其他材料费	元	1.00	0.235	0.235
机械	手持式光信号源 MG927A	台班	55.80	0.300	0.600
	数字存储示波器 HP54501	台班	106.57	0.250	0.500
	通信性能分析仪 2Mb/s～2.5Gb/s	台班	5.25	0.500	1.000
	误码率测试仪	台班	520.79	0.500	1.000

工作内容：开箱检验、安装设备、设备调试。 计量单位：端

定额编号				A5-9-87	A5-9-88
项目名称				2.5Gb/s	
				终端复用器	分插复用器
				TM	ADM
				安装、调试SDH	
基价（元）				**2200.84**	**3642.65**
其中	人工费（元）			1894.20	3029.60
	材料费（元）			0.24	0.24
	机械费（元）			306.40	612.81
名称		**单位**	**单价（元）**	**消耗量**	
人工	综合工日	工日	140.00	13.530	21.640
材料	其他材料费	元	1.00	0.235	0.235
机械	手持式光信号源 MG927A	台班	55.80	0.300	0.600
	数字存储示波器 HP54501	台班	106.57	0.250	0.500
	通信性能分析仪 2Mb/s～2.5Gb/s	台班	5.25	0.500	1.000
	误码率测试仪	台班	520.79	0.500	1.000

工作内容：开箱检验、安装设备、设备调试。 计量单位：端

定额编号				A5-9-89	A5-9-90
项目名称				安装、调试SDH 622Mb/s 终端复用器 TM	安装、调试SDH 622Mb/s 分插复用器 ADM
基价（元）				1220.84	3459.25
其中	人工费（元）			914.20	2846.20
	材料费（元）			0.24	0.24
	机械费（元）			306.40	612.81
	名称	单位	单价（元）	消耗量	
人工	综合工日	工日	140.00	6.530	20.330
材料	其他材料费	元	1.00	0.235	0.235
机械	手持式光信号源 MG927A	台班	55.80	0.300	0.600
	数字存储示波器 HP54501	台班	106.57	0.250	0.500
	通信性能分析仪 2Mb/s～2.5Gb/s	台班	5.25	0.500	1.000
	误码率测试仪	台班	520.79	0.500	1.000

工作内容：开箱检验、安装设备、设备调试。　　　　计量单位：端

定额编号					A5-9-91	A5-9-92
项目名称					155Mb/s	
					终端复用器	分插复用器
					TM	ADM
					安装、调试SDH	
基价（元）					1090.64	2833.45
其中	人工费（元）				784.00	2220.40
	材料费（元）				0.24	0.24
	机械费（元）				306.40	612.81
名称		单位	单价（元）		消耗量	
人工	综合工日	工日	140.00		5.600	15.860
材料	其他材料费	元	1.00		0.235	0.235
机械	手持式光信号源 MG927A	台班	55.80		0.300	0.600
	数字存储示波器 HP54501	台班	106.57		0.250	0.500
	通信性能分析仪 2Mb/s～2.5Gb/s	台班	5.25		0.500	1.000
	误码率测试仪	台班	520.79		0.500	1.000

工作内容：开箱检验、安装设备、设备调试。　　　　计量单位：架

定额编号				A5-9-93
项目名称				再生中继器(REG)安装、调试SDH 2系统/架
基价（元）				933.81
其中	人工费（元）			914.20
	材料费（元）			0.24
	机械费（元）			19.37
名称		单位	单价(元)	消耗量
人工	综合工日	工日	140.00	6.530
材料	其他材料费	元	1.00	0.235
机械	手持式光信号源 MG927A	台班	55.80	0.300
	通信性能分析仪 2Mb/s～2.5Gb/s	台班	5.25	0.500

工作内容：开箱检验、安装设备、设备调试。　　　　　　　　　　　　　　　　　　　　计量单位：系统

定　额　编　号				A5-9-94
项　目　名　称				再生中继器(REG)安装、调试SDH 每增加1系统
基　价（元）				401.92
其中	人　工　费（元）			392.00
	材　料　费（元）			0.24
	机　械　费（元）			9.68
名　称		单位	单价(元)	消　耗　量
人工	综合工日	工日	140.00	2.800
材料	其他材料费	元	1.00	0.235
机械	手持式光信号源 MG927A	台班	55.80	0.150
	通信性能分析仪 2Mb/s～2.5Gb/s	台班	5.25	0.250

工作内容：开箱检验、安装设备、设备调试。　　计量单位：端

定额编号				A5-9-95	A5-9-96
项目名称				安装、调试SDH	
				2Mb/s	155Mb/s(或140Mb/s)
				电接口板	光或电接口板
基价（元）				707.80	304.21
其中	人工费（元）			603.40	245.00
	材料费（元）			0.24	0.24
	机械费（元）			104.16	58.97
名称		单位	单价(元)	消耗量	
人工	综合工日	工日	140.00	4.310	1.750
材料	其他材料费	元	1.00	0.235	0.235
机械	手持式光信号源 MG927A	台班	55.80	—	0.100
	通信性能分析仪 2Mb/s～2.5Gb/s	台班	5.25	—	0.250
	误码率测试仪	台班	520.79	0.200	0.100

工作内容：开箱检验、安装设备、设备调试。　　　　计量单位：端

定额编号				A5-9-97	A5-9-98
项目名称				数字交叉连接设备(DXC)	光端机
				安装、调试SDH	安装、调试PDH
基价（元）				6542.45	266.69
其中	人工费（元）			6529.60	260.40
	材料费（元）			2.35	0.24
	机械费（元）			10.50	6.05
名称		单位	单价(元)	消耗量	
人工	综合工日	工日	140.00	46.640	1.860
材料	其他材料费	元	1.00	2.350	0.235
机械	光可变衰减器 1310/1550nm	台班	47.34	—	0.100
	通信性能分析仪 2Mb/s～2.5Gb/s	台班	5.25	2.000	0.250

工作内容：开箱检验、安装设备、设备调试。　　　　　　　　　　　　　　　　计量单位：套

定　额　编　号				A5-9-99
项　目　名　称				光端机主/备用自动转换设备
				安装、调试PDH
基　　价（元）				920.49
其中	人　工　费（元）			914.20
	材　料　费（元）			0.24
	机　械　费（元）			6.05
名　　称		单位	单价(元)	消　耗　量
人工	综合工日	工日	140.00	6.530
材料	其他材料费	元	1.00	0.235
机械	光可变衰减器 1310/1550nm	台班	47.34	0.100
	通信性能分析仪 2Mb/s～2.5Gb/s	台班	5.25	0.250

工作内容：开箱检验、安装设备、设备调试。 计量单位：端

定额编号				A5-9-100	A5-9-101
项目名称				递级	跳级
				复用电端机	
				安装、调试PDH	
基价（元）				398.29	920.49
其中	人工费（元）			392.00	914.20
	材料费（元）			0.24	0.24
	机械费（元）			6.05	6.05
名称		单位	单价(元)	消耗量	
人工	综合工日	工日	140.00	2.800	6.530
材料	其他材料费	元	1.00	0.235	0.235
机械	光可变衰减器 1310/1550nm	台班	47.34	0.100	0.100
	通信性能分析仪 2Mb/s～2.5Gb/s	台班	5.25	0.250	0.250

工作内容：开箱检验、安装设备、设备调试。　　　　计量单位：端

定　额　编　号				A5-9-102	A5-9-103	A5-9-104
项　目　名　称				PCM	局端	网络单元
				基群设备	设备接入网	
				安装、调试PDH		
基　价（元）				**873.31**	**5939.29**	**4034.75**
其中	人　工　费（元）			652.40	3591.00	3446.80
	材　料　费（元）			0.24	0.24	0.24
	机　械　费（元）			220.67	2348.05	587.71
名　称		**单位**	**单价(元)**	**消　耗　量**		
人工	综合工日	工日	140.00	4.660	25.650	24.620
材料	其他材料费	元	1.00	0.235	0.235	0.235
机械	PCM话路特性测试仪	台班	99.95	1.000	5.000	5.000
	手持式光信号源 MG927A	台班	55.80	—	1.200	1.200
	数据传输分析仪 5CG-01	台班	120.72	1.000	—	—
	通信性能分析仪 2Mb/s～2.5Gb/s	台班	5.25	—	4.000	4.000
	通用规程测试仪 V5规程ISDN规程7号信令	台班	293.39	—	6.000	—

工作内容：开箱检验、安装设备、设备调试。　　计量单位：端

定 额 编 号				A5-9-105
项 目 名 称				信令转换
				设备接入网
				安装、调试PDH
基 价（元）				5877.84
其中	人 工 费（元）			3159.80
	材 料 费（元）			0.24
	机 械 费（元）			2717.80
名 称		单位	单价（元）	消 耗 量
人工	综合工日	工日	140.00	22.570
材料	其他材料费	元	1.00	0.235
机械	模拟信令测试仪MFC多频互控+线路信令	台班	386.06	4.000
	通用规程测试仪 V5规程ISDN规程7号信令	台班	293.39	4.000

工作内容：开箱检验、安装设备、设备调试。　　　　计量单位：端

定额编号				A5-9-106	A5-9-107
项目名称				40波光终端	16波光终端
				复用器(OTM)	
				安装、调试DWDM	
基价（元）				24050.34	14244.29
其中	人工费（元）			19065.20	11751.60
	材料费（元）			0.24	0.24
	机械费（元）			4984.90	2492.45
名称		单位	单价(元)	消耗量	
人工	综合工日	工日	140.00	136.180	83.940
材料	其他材料费	元	1.00	0.235	0.235
机械	光谱分析仪	台班	436.03	10.000	5.000
	宽带同轴波长计PX6	台班	6.66	10.000	5.000
	手持式光信号源 MG927A	台班	55.80	10.000	5.000

工作内容：开箱检验、安装设备、设备调试。　　　　计量单位：端

定额编号				A5-9-108	A5-9-109
项目名称				40波光线路	16波光线路
				放大器(OLA)	
				安装、调试DWDM	
基价（元）				4903.27	3260.68
其中	人工费（元）			3656.80	2612.40
	材料费（元）			0.24	0.24
	机械费（元）			1246.23	648.04
名称		单位	单价(元)	消耗量	
人工	综合工日	工日	140.00	26.120	18.660
材料	其他材料费	元	1.00	0.235	0.235
机械	光谱分析仪	台班	436.03	2.500	1.300
	宽带同轴波长计PX6	台班	6.66	2.500	1.300
	手持式光信号源 MG927A	台班	55.80	2.500	1.300

工作内容：开箱检验、安装设备、设备调试。

计量单位：端

定额编号				A5-9-110	A5-9-111
项目名称				光分插设备	光波长转换器
				OADM	OUT(单向)
				安装、调试DWDM	
基价（元）				**8036.47**	**982.44**
其中	人工费（元）			6790.00	392.00
	材料费（元）			0.24	0.24
	机械费（元）			1246.23	590.20
名称		单位	单价(元)	消耗量	
人工	综合工日	工日	140.00	48.500	2.800
材料	其他材料费	元	1.00	0.235	0.235
机械	光谱分析仪	台班	436.03	2.500	1.200
	宽带同轴波长计PX6	台班	6.66	2.500	—
	手持式光信号源 MG927A	台班	55.80	2.500	1.200

工作内容：开箱检验、安装设备、设备调试。　　计量单位：套

定额编号				A5-9-112
项目名称				光波长 复用器 安装、调试DWDM
基价（元）				2998.88
其中	人工费（元）			2350.60
	材料费（元）			0.24
	机械费（元）			648.04
名称		单位	单价(元)	消耗量
人工	综合工日	工日	140.00	16.790
材料	其他材料费	元	1.00	0.235
机械	光谱分析仪	台班	436.03	1.300
	宽带同轴波长计PX6	台班	6.66	1.300
	手持式光信号源 MG927A	台班	55.80	1.300

2. 网络管理系统、监控设备安装、调试

工作内容：开箱检验、设备及软件的安装和调试，功能测试和功能检查试验。　　　　计量单位：系统

定额编号				A5-9-113	A5-9-114	A5-9-115
项目名称				网络管理系统	网元管理系统	本地维护终端
				安装、调试DWDM/SDH		
基价（元）				20893.84	11751.84	1436.64
其中	人工费（元）			20893.60	11751.60	1436.40
	材料费（元）			0.24	0.24	0.24
	机械费（元）			—	—	—
名称		单位	单价(元)	消耗量		
人工	综合工日	工日	140.00	149.240	83.940	10.260
材料	其他材料费	元	1.00	0.235	0.235	0.235

工作内容：开箱检验、设备及软件的安装和调试，功能测试和功能检查试验。　　计量单位：系统

定额编号				A5-9-116	A5-9-117	A5-9-118
项目名称				网络管理系统	网元管理系统	本地维护终端
				DWDM/SDH运行测试		
基价（元）				10577.24	3525.44	1176.24
其中	人工费（元）			10577.00	3525.20	1176.00
	材料费（元）			0.24	0.24	0.24
	机械费（元）			—	—	—
名称		单位	单价(元)	消耗量		
人工	综合工日	工日	140.00	75.550	25.180	8.400
材料	其他材料费	元	1.00	0.235	0.235	0.235

工作内容：开箱检验、设备及软件的安装和调试，功能测试和功能检查试验。 计量单位：站

定额编号					A5-9-119	A5-9-120	A5-9-121
项目名称					安装、调试PDH监控设备		PDH监控系统
					中心站	分站	运行试验
基价（元）					4179.24	2350.84	3525.44
其中	人工费（元）				4179.00	2350.60	3525.20
	材料费（元）				0.24	0.24	0.24
	机械费（元）				—	—	—
名称			单位	单价(元)	消耗量		
人工	综合工日		工日	140.00	29.850	16.790	25.180
材料	其他材料费		元	1.00	0.235	0.235	0.235

工作内容：开箱检验、设备及软件的安装和调试，功能测试和功能检查试验。　　　　计量单位：站

定额编号				A5-9-122	A5-9-123
项目名称				安装、调试PDH	
				接入网	同步网
				网络管理系统	
基价（元）				**4179.24**	**20893.84**
其中	人工费（元）			4179.00	20893.60
	材料费（元）			0.24	0.24
	机械费（元）			—	—
名称		**单位**	**单价（元）**	**消耗量**	
人工	综合工日	工日	140.00	29.850	149.240
材料	其他材料费	元	1.00	0.235	0.235

3. 数字通信通道调试

工作内容：各种特性及功能的调试。 计量单位：系统

定额编号				A5-9-124	A5-9-125	A5-9-126
项目名称				光中继段测试	数字段调试	通路对端调试
基价（元）				550.34	863.07	170.20
其中	人工费（元）			522.20	652.40	65.80
	材料费（元）			0.24	0.24	0.24
	机械费（元）			27.90	210.43	104.16
	名称	单位	单价(元)	消耗量		
人工	综合工日	工日	140.00	3.730	4.660	0.470
材料	其他材料费	元	1.00	0.235	0.235	0.235
机械	光可变衰减器 1310/1550nm	台班	47.34	—	0.500	—
	手持式光信号源 MG927A	台班	55.80	0.500	0.500	—
	通信性能分析仪 2Mb/s～2.5Gb/s	台班	5.25	—	0.500	—
	误码率测试仪	台班	520.79	—	0.300	0.200

工作内容：各种特性及功能的调试。　　　　　　　　　　　　　　　　　　　　计量单位：系统

定额编号				A5-9-127	A5-9-128
项目名称				2～4次群复用设备对端调试	稳定观测系统
基价（元）				419.02	3265.04
其中	人工费（元）			417.20	3264.80
	材料费（元）			0.24	0.24
	机械费（元）			1.58	—
名称		单位	单价（元）	消耗量	
人工	综合工日	工日	140.00	2.980	23.320
材料	其他材料费	元	1.00	0.235	0.235
机械	通信性能分析仪 2Mb/s～2.5Gb/s	台班	5.25	0.300	—

工作内容：各种特性及功能的调试。　　　　计量单位：站

定额编号				A5-9-129
项目名称				光、电调试中间站配合
基价（元）				1176.24
其中	人工费（元）			1176.00
	材料费（元）			0.24
	机械费（元）			—
名称		单位	单价(元)	消耗量
人工	综合工日	工日	140.00	8.400
材料	其他材料费	元	1.00	0.235

4. 同步数字网络设备安装、调试

工作内容：开箱检验、安装固定、插装机盘、本机检查、数字同步设备及本地监控终端安装与调试、GPS天线安装。

计量单位：台

定额编号				A5-9-130	A5-9-131	A5-9-132
项目名称				综合定时供给设备BITS	铯钟	GPS接收机
基价（元）				1306.44	392.24	392.24
其中	人工费（元）			1306.20	392.00	392.00
	材料费（元）			0.24	0.24	0.24
	机械费（元）			—	—	—
名称		单位	单价（元）	消耗量		
人工	综合工日	工日	140.00	9.330	2.800	2.800
材料	其他材料费	元	1.00	0.235	0.235	0.235

六、程控交换机安装、调试

1. 程控交换机安装、调试

工作内容：程控交换机的硬件及软件安装、调试与开通。　　　　计量单位：站

定额编号				A5-9-133	A5-9-134	A5-9-135	A5-9-136
项目名称				≤300	≤500	≤1000	每增加300线
				用户线			
基价（元）				11551.85	15869.36	22404.38	7351.85
其中	人工费（元）			7000.00	9800.00	13300.00	2800.00
	材料费（元）			4.57	6.32	9.82	4.57
	机械费（元）			4547.28	6063.04	9094.56	4547.28
名称		单位	单价（元）	消耗量			
人工	综合工日	工日	140.00	50.000	70.000	95.000	20.000
材料	打印纸 A4	包	17.50	0.200	0.300	0.500	0.200
	棉纱头	kg	6.00	0.100	0.100	0.100	0.100
	其他材料费	元	1.00	0.470	0.470	0.470	0.470
机械	PCM呼叫分析仪 300～3400Hz	台班	18.51	6.000	8.000	12.000	6.000
	PCM通道测试仪 20～400Hz	台班	729.76	6.000	8.000	12.000	6.000
	示波器	台班	9.61	6.000	8.000	12.000	6.000

2. 中继器调试

工作内容：中继设置、中继分配、类型划分、本机自环和功能调试等。　　计量单位：站

定额编号				A5-9-137	A5-9-138	A5-9-139
项目名称				模拟中继	数字中继	
					1号指令	7号指令
基价（元）				1149.43	2645.24	3529.55
其中	人工费（元）			1120.00	1792.00	2240.00
	材料费（元）			0.60	0.60	0.60
	机械费（元）			28.83	852.64	1288.95
名称		单位	单价（元）	消耗量		
人工	综合工日	工日	140.00	8.000	12.800	16.000
材料	棉纱头	kg	6.00	0.100	0.100	0.100
机械	PCM呼叫分析仪 300～3400Hz	台班	18.51	—	4.000	6.000
	PCM通道测试仪 20～400Hz	台班	729.76	—	1.000	1.500
	分析仪 1号信令	台班	10.40	—	1.000	—
	分析仪 7号信令	台班	17.06	—	—	1.500
	示波器	台班	9.61	3.000	4.000	6.000

工作内容：中继设置、中继分配、类型划分、本机自环和功能调试等。　　计量单位：站

定额编号				A5-9-140	A5-9-141	A5-9-142
项目名称				数字中继		
				Q指令	ETSI	仿其他
基价（元）				3477.08	3701.08	2186.84
其中	人工费（元）			1792.00	2016.00	1344.00
	材料费（元）			0.60	0.60	0.60
	机械费（元）			1684.48	1684.48	842.24
名称		单位	单价(元)	消耗量		
人工	综合工日	工日	140.00	12.800	14.400	9.600
材料	棉纱头	kg	6.00	0.100	0.100	0.100
机械	PCM呼叫分析仪 300～3400Hz	台班	18.51	8.000	8.000	4.000
	PCM通道测试仪 20～400Hz	台班	729.76	2.000	2.000	1.000
	示波器	台班	9.61	8.000	8.000	4.000

3. 外围设备安装、调试

工作内容：安装、连线、试验、开通。　　　　计量单位：站

定额编号				A5-9-143	A5-9-144
项目名称				终端	数字话机或其他接口
基价（元）				**84.30**	**28.54**
其中	人工费（元）			84.00	28.00
	材料费（元）			0.30	0.54
	机械费（元）			—	—
名称		**单位**	**单价(元)**	**消耗量**	
人工	综合工日	工日	140.00	0.600	0.200
材料	棉纱头	kg	6.00	0.010	0.050
	其他材料费	元	1.00	0.235	0.235

工作内容：安装、连线、试验、开通。　　　　计量单位：站

定额编号				A5-9-145	A5-9-146
项目名称				电脑话务员接口	话务台接口
基价（元）				70.54	224.54
其中	人工费（元）			70.00	224.00
	材料费（元）			0.54	0.54
	机械费（元）			—	—
名称		单位	单价（元）	消耗量	
人工	综合工日	工日	140.00	0.500	1.600
材料	棉纱头	kg	6.00	0.050	0.050
	其他材料费	元	1.00	0.235	0.235

工作内容：安装、连线、试验、开通。　　　　计量单位：站

定额编号				A5-9-147	A5-9-148
项目名称				远程维护	语音信箱设备
基价（元）				224.30	569.29
其中	人工费（元）			224.00	560.00
	材料费（元）			0.30	9.29
	机械费（元）			—	—
名称		单位	单价(元)	消耗量	
人工	综合工日	工日	140.00	1.600	4.000
材料	打印纸 A4	包	17.50	—	0.500
	棉纱头	kg	6.00	0.010	0.050
	其他材料费	元	1.00	0.235	0.235

4. 系统试运行

工作内容：覆盖测试、传输电路验证、切换测试、干扰测试、数据整理等。　　计量单位：系统

定额编号				A5-9-149
项目名称				通信系统试运行
基价（元）				4899.99
其中	人工费（元）			2800.00
	材料费（元）			14.49
	机械费（元）			2085.50
名称		单位	单价（元）	消耗量
人工	综合工日	工日	140.00	20.000
材料	打印纸 A4	包	17.50	0.800
	其他材料费	元	1.00	0.490
机械	笔记本电脑	台班	9.38	10.000
	对讲机(一对)	台班	4.19	10.000
	网络分析仪	台班	194.98	10.000

七、微波通讯安装、调试

1. 设备安装

工作内容：室外固定微波设备、接天馈线、接地线、接电源线、现场丈量、制作与安装中频电缆、室内固定微波设备。

计量单位：套

定额编号				A5-9-150
项目名称				微波设备安装
基价（元）				1261.00
其中	人工费（元）			1260.00
	材料费（元）			1.00
	机械费（元）			—
名称		单位	单价（元）	消耗量
人工	综合工日	工日	140.00	9.000
材料	其他材料费	元	1.00	1.000

工作内容：设备安装连接等。　　　　计量单位：套

定额编号					A5-9-151	A5-9-152
项目名称					PCM终端机安装	图像编(解)码器安装
基价（元）					225.00	141.00
其中	人工费（元）				224.00	140.00
	材料费（元）				1.00	1.00
	机械费（元）				—	—
名称			单位	单价(元)	消耗量	
人工	综合工日		工日	140.00	1.600	1.000
材料	其他材料费		元	1.00	1.000	1.000

工作内容：设备安装等。　　计量单位：套

定　额　编　号				A5-9-153
项　目　名　称				中继站设备安装
基　　价（元）				2941.00
其中	人　工　费（元）			2940.00
	材　料　费（元）			1.00
	机　械　费（元）			—
名　　称		单位	单价（元）	消　耗　量
人工	综合工日	工日	140.00	21.000
材料	其他材料费	元	1.00	1.000

2. 设备调试

工作内容：加电检查、设备自检、测输出功率、频率设置、射频自环、中频自环、检查切换、勤务和网管功能。

计量单位：套

定额编号				A5-9-154
项目名称				微波设备(1+1)
基价(元)				2777.80
其中	人工费(元)			2240.00
	材料费(元)			—
	机械费(元)			537.80
名称		单位	单价(元)	消耗量
人工	综合工日	工日	140.00	16.000
机械	功率计 10μW～100mW	台班	101.62	1.000
	频谱分析仪	台班	266.00	1.000
	示波器	台班	9.61	2.000
	微波频率计 10Hz～40GHz	台班	150.96	1.000

工作内容：自检、话音、调度电话、数据、传真等业务功能检查。　　　　计量单位：套

定额编号				A5-9-155
项目名称				PCM终端机
				2Mb/s
基价（元）				1760.80
其中	人工费（元）			700.00
	材料费（元）			—
	机械费（元）			1060.80
名称		单位	单价(元)	消耗量
人工	综合工日	工日	140.00	5.000
机械	示波器	台班	9.61	2.000
	误码率测试仪	台班	520.79	2.000

工作内容：图像编(解)码器参数设置等。　　　　　　　　　　　　　　　　计量单位：套

定额编号				A5-9-156
项目名称				数字图像编(解)码器
基价（元）				430.14
其中	人工费（元）			420.00
	材料费（元）			—
	机械费（元）			10.14
名称		单位	单价(元)	消耗量
人工	综合工日	工日	140.00	3.000
机械	彩色监视器 14″	台班	4.47	1.000
	图像信号发生器	台班	5.67	1.000

工作内容：加电检查、设备自检、测输出功率、频率设置、射频自环、中频自环、检查切换、勤务和网管功能；自检、话音、调度电话、数据、传真等业务功能检查；图像编(解)码器参数设置等。

计量单位：套

定额编号				A5-9-157
项目名称				中继站设备
基价（元）				4026.70
其中	人工费（元）			3220.00
	材料费（元）			—
	机械费（元）			806.70
名称		单位	单价(元)	消耗量
人工	综合工日	工日	140.00	23.000
机械	功率计 10μW～100mW	台班	101.62	1.500
	频谱分析仪	台班	266.00	1.500
	示波器	台班	9.61	3.000
	微波频率计 10Hz～40GHz	台班	150.96	1.500

3. 系统联调

工作内容：系统开通、精确调整天线方位和俯仰、系统网管调试及检查各站网管功能；话音、调度电话、数据、传真等业务开通；图像传输业务开通等。

计量单位：站

定额编号				A5-9-158	A5-9-159
项目名称				2个站	每增加1个站
基价（元）				**2520.00**	**569.38**
其中	人工费（元）			2520.00	560.00
	材料费（元）			—	—
	机械费（元）			—	9.38
名称		**单位**	**单价(元)**	**消耗量**	
人工	综合工日	工日	140.00	18.000	4.000
机械	笔记本电脑	台班	9.38	—	1.000

工作内容：系统开通、精确调整天线方位和俯仰、系统网管调试及检查各站网管功能；话音、调度电话、数据、传真等业务开通；图像传输业务开通等。

计量单位：站

定额编号				A5-9-160	A5-9-161
项目名称				网管系统	
				2个站以下	每增加1个站
基价（元）				1148.14	166.04
其中	人工费（元）			1120.00	140.00
	材料费（元）			—	—
	机械费（元）			28.14	26.04
名称		单位	单价(元)	消耗量	
人工	综合工日	工日	140.00	8.000	1.000
机械	笔记本电脑	台班	9.38	3.000	—
	误码率测试仪	台班	520.79	—	0.050

4. 系统试运行

工作内容：根据规范要求、测试各项技术指标的稳定性、可靠性。　　计量单位：系统

定额编号				A5-9-162
项目名称				微波通信设备系统试运行
基价（元）				2951.88
其中	人工费（元）			1960.00
	材料费（元）			5.10
	机械费（元）			986.78
名称		单位	单价(元)	消耗量
人工	综合工日	工日	140.00	14.000
材料	打印纸 A4	包	17.50	0.200
	棉纱头	kg	6.00	0.100
	其他材料费	元	1.00	1.000
机械	笔记本电脑	台班	9.38	2.000
	对讲机(一对)	台班	4.19	2.000
	频谱分析仪	台班	266.00	2.000
	数字频率计	台班	18.84	2.000
	网络分析仪	台班	194.98	2.000

附　录

材料损耗率表

序号	主要材料	损耗率%	序号	主要材料	损耗率%
1	各类线缆	2.00	12	接头盒保护套	1.00
2	拉线材料（包括钢绞线、镀锌铁丝）	2.00	13	用户暗盒	1.00
3	塑料护口	1.00	14	各类插头、插座	1.00
4	跳线连接器	1.00	15	开关	1.00
5	过线路盒	1.00	16	紧固件（包括螺栓、螺母、垫圈、弹簧垫圈）	2.00
6	信息插座底盒或接线盒	1.00	17	木螺钉、铆钉	4.00
7	光纤护套	1.00	18	板材（包括钢板、镀锌薄钢板）	5.00
8	光纤连接盘	1.00	19	管材、管件（包括无缝、焊接钢管、塑料管及电线管）	3.00
9	光纤连接器材	1.00	20	绝缘子类	2.00
10	磨制光纤连接器材	1.00	21	位号牌、标志牌、线号套管	5.00
11	光缆接头盒	1.00	22	电缆卡子、电缆挂钩、电缆托板	1.00